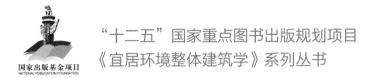

"十二五"国家重点图书出版规划项目

《宜居环境整体建筑学》系列丛书

宜居环境整体建筑学
构架研究

Study on Livable Environment and Holistic Architecture

齐 康 主编

QI KANG EDITOR

U0379081

东南大学出版社

南京

齐康

　　东南大学建筑研究所所长、教授、博士生导师，中国科学院院士，法国建筑科学院外籍院士，中国勘察设计大师（建筑），中国美术家协会会员，中国首届"梁思成建筑奖"获得者和中国首届"建筑教育奖"获得者，曾任国务院学位委员会委员，中国建筑学会理事、常务理事。主要作品（主持和参与的）有：南京雨花台烈士陵园革命烈士纪念馆、碑，南京梅园新村周恩来纪念馆，侵华日军南京大屠杀遇难同胞纪念馆一期、二期，苏中七战七捷纪念馆、碑，淮安周恩来纪念馆、周恩来遗物陈列室，福建武夷山庄，黄山国际大酒店，河南省博物院，福建省历史博物院，沈阳"九一八"纪念馆，宁波镇海海防纪念馆等百余项，建筑设计项目分获国家优秀工程设计金质奖两项、银质奖两项、铜质奖两项，1980年代优秀建筑艺术作品二、三名，部、省级奖几十项。他主持、参加的科研项目有二十余项，其中"较发达地区城市化途径和小城镇技术经济政策"获建设部科技进步二等奖，"乡镇综合规划设计方法"、"城镇建筑环境规划设计理论与方法"、"城镇环境设计"分获教育部科技进步奖一、二、三等奖。发表"建筑创作的社会构成"、"建筑意识观"等论文百余篇，著有《城市建筑》、《绿色建筑设计与技术》等专著二十余部。他立足于培养高水平的建筑学专业的研究、设计人才，重视培养学生的基本功和设计方法的训练，注重开拓思路和交叉学科之间的融合和交流，现已培养博士、硕士研究生百余名。

Qi Kang

Qi Kang, a professor and Ph. D. supervisor of Southeast University, is now the director of Institute of Architectural Research of Southeast University.

Mr. Qi Kang , a master of survey and design in Architecture, is the Academician of Chinese Academy of Sciences and French Academy of Sciences. He is the member of China Association of Artists. He won the first Liang Sicheng Architecture Prize and the first China Architecture Education Prize.

He was once the member of Academic Degrees Committee of State Council, and the member and the executive member of The Architectural Society of China.

Mr. Qi Kang has directed or participated in designing many architectural projects, of which the following are the representative ones: Yuhuatai Memorial Museum for Martyrs and Yuhuatai Memorial Monument for Martyrs in Nanjing, Zhou Enlai Memorial Museum in New Meiyuan Village in Nanjing, The Memorial Hall of the Victims in Nanjing Massacre by Japanese Invaders (Stage One and Stage Two), Seven-war-seven-victory Memorial Museum and Monument in Hai'an, Mid-Jiangsu Province, Zhou Enlai Memorial Hall and Zhou Enlai Relics Showroom in Huai'an, Jiangsu Province, Wuyi Villa in Fujian Province, International Hotel in Huangshan, Anhui Province, Henan Museum in Henan Province, Fujian History Museum in Fujian Province, The Enlargement Project of 9.18 Museum in Shenyang, Liaoning Province, and Zhenhai Coastal Defense Museum in Ningbo, Zhejiang Province, etc. Many of Qi Kang's works have won Golden, Silver and Bronze Awards at national and provincial levels .

Mr. Qi Kang has presided over and participated in more than 20 scientific research programs, among which *The Way of Urbanization in the Developed Areas and The Technical, Economical Policies for Small Cities* won the Second Prize for Science and Technology Development awarded by The Ministry of Urban-Rural Development, and *The Comprehensive Planning and Design in Urban-Rural Areas, Theory and Practice of Planning and Design in Urban Architectural Environment, Environmental Planning in Towns and Cities* won the First, the Second and the Third Prize for Science and Technology Development respectively awarded by The Ministry of Education.

Mr. Qi Kang has published more than 100 academic papers such as *Social Composition of Architectural Design, Consciousness of Architecture*, etc. He has also published more than 20 books such as *Urban Architecture, Green Building Design and Technology*, etc.

Mr. Qi Kang, sticking to cultivating high-level research and design talents in architecture, pays attention to training his students' basic skills and designing methods, and attaches importance to thought-development, the exchange and amalgamation of interdisciplines. Under Mr. Qi's supervision, more than 100 students have won Ph. D. and master degrees.

目录

Contents

开 篇

英文 Human Settlement，可以译为"人居、宜居、宜聚或易聚"。我认为译为"宜居"为妥，即适合于人类生存、生活、工作、休憩的地方。要促进人类的发展和生存，必定要有一个宜居的环境，宜居首先和环境有关。湿地、沙漠地带、地震多发地带、山地陡坡和滑坡地带以及自然灾害频发地区等等，是不宜聚居的，极寒冷地区也属于不宜聚居地区。海上的孤岛，知名小说《鲁滨孙漂流记》中的主人公漂流于此，最终还是需要靠航行的船只救出，这是自然条件引起的。再有民族争斗频繁地区也属于不宜居住的地区，核污染和重金属污染地区也不宜居住。历史上有多少天灾人祸导致整个城市、集聚地消失了，灭亡了，人们生活虽得到延续，但十分艰苦。当然人定胜天，只要全社会的合力支持，也可变不宜居为宜居。我们在宜居的条件下要讲究"环境"，这个环境又是自然和社会的环境，我们通称"宜居环境"。一切不是死的，事在人为，人的作用是巨大的。

整体是指全面地、完整地、多学科地、多方位地来参与和分析，是一种整合。自上而下、自下而上地整合，是符合我国的国情、历史、文化、民族、习俗特色，求实地、相制宜地、相匹配地分析，以求探索和创新。我们需要学习和研究。

我们国家正在走一条有社会主义特色的道路，以和平发展学习型、创新型、服务型为目标，在城市化发展过程中走快速、稳定前进之路。全球经济又处在危机之中，它会影响我国经济发展。全球化要求我们不仅要引入产业和资金，更要走出去，还要扩大市场，有控制地完善市场经济。党的领导，政治民主协商制度，是逐步进行政治改革的保障。

各地区的发展存在不平衡性、差异性。有发达地区，如长江三角洲，有欠发达地区，如西北、西南某些县，也有贫困山区、贫苦县。即使在发达地区也有贫困的地方。这是经济上最大的不平衡，是我国的国情——不平衡性。在发达地区贫富差距拉大，贫困地区仍然在寻求出路，差别是一个特点。

中国是一个发展中的大国，人口众多，城市化率几乎超过50%，大量的农民工进城，带来了城市的高速发展，目前中国已成为 GDP 第二大国，而人口众多使人均 GDP 排位靠后。这个泱泱大国仍存在诸多矛盾，如城乡基础设施、城中村、农村中空巢现象、老人及儿童问题、城市污染、垃圾处理、交通拥堵等矛盾，还有自然灾害等问题。

首先是人口问题，虽有计划生育控制，但人口素质的提高和教育仍需一个相当长的时间。物质上去了，精神文化、伦理道德的提升要加倍地努力。其次是土地，我国是一个多山的国家，可耕土地有限，严格控制土地是一件大事。虽然国家有指标，但违规现象仍层出不穷，变相的置换不时有之。再有，资源的缺乏，特别是石油，仍有大的缺口，节约能源，煤炭转换，可再生能源的利用，水能、太阳能、风能的利用与开发刻不容缓。其相关要有保障，不能是一句空话。各个系统、各个环节、各个组成部分要求我们关注一切细节。

我们讲宜居，是要考虑整体。这个整体是风格、地区差异，要实事求是，这个宜居讲生态环境及其建设，使人们生存生活空间集约、节约，使之山清水秀。宜居是适度的，是一个过程，是地区的、有层次的、活动的、动态的，是有机遇和可持续发展的。

宜居环境整体建筑学是一门整体的、全面的、系统的、讲生态和讲持续的学科，我们将为之努力。

Introduction

The English words "Human Settlement" can be translated into several Chinese terms. I consider the word Yiju to be the most appropriate translation, because it emphasizes the livable aspect of the place where people live, work, and rest. A livable environment is the primary condition for human development. Wetlands, deserts, earthquake-prone zones, mountain slopes, landslide areas, extremely cold areas and regions which are vulnerable to suffer natural disasters, are not livable for human settlement. The isolated island when the character of *Robinso Crusoe* arrived and couldn't leave without a ship isn't a livable environment. This is limited by natural conditions. Moreover, places where national struggle frequently occurs, nuclear and heavy metal polluted areas are not livable either. There are many natural and man-made calamities in history, which led to the destruction of livable cities. However, with the support of the whole society, we can transform an unlivable environment into livable one. We pay attention to the environment when we talk about livable settlement. Here, environment embraces both natural and social aspects.Human effort is the decisive factor,and human deed is the important.

Holistic in this book means to analyze and integrate in an overall, complete, multidisciplinary, and multidimensional way. The combination of top-down and bottom-up integration is compatible with the condition, history, culture, nationality and custom features of our country. With this basis and in conjunction with appropriate analytical methods, further exploration and innovation can be achieved. We need study and research.

Our country is taking the socialist road towards high speed and steady urbanization development, regarding peaceful development, learning, innovation, and services as its goal. At present, the global economy is in crisis, which will have an impact on the economic development of our country. Globalization requests us not only to introduce industry and capital, but also more importantly to go out, to expand market, and to control and improve the market. Both the leadership of the party and the political and democratic consultation guarantee the gradual political reform.

The development among different regions are various due to imbalances and differentiation. There are developed regions like Yangtze River Delta; there are also under developed regions like certain counties in the northwest and southwest of China. Even in the developed regions, there are also under developed areas. The economic imbalance is our country's condition. In the developed regions, the difference between the rich and poor has been intensified, while poor regions are still in search of a way out. Difference is a character.

China is a developing country with large population.

The urbanization rate is almost over 50%. A large number of migrant workers contributed to the high speed development. At present, China's GDP ranks the second in the world, but its GDP per capita is still falling behind. There are many conflicts within this big country, such as urban and rural infrastructure, urban village, suburban "empty nest", aging and children problem, urban pollution, refuse disposal, traffic congestion, and so forth.

Population is the primary issue. Although there is birth control policy, enhancing the population quality through education still has a long way to go. The second issue is the land. China is a mountainous country with limited agricultural land, therefore strict control of land is very important. Although the government has set the quota, acts of violation are endless.

The third issue is the lack of resources, especially petroleum. The development and utilization of renewable energy resources is urgent. We are requested to pay attention to the details and to focus on every system, every linkage and components.

When we speak about livable, we need to consider the overall, which includes style, regional difference, and to be based on facts. This livable is about ecological environment and its construction, which allows people to live in a compact, saving, and picturesque environment. Livable is moderate. It is a process. It is hierarchical, active, and dynamic. It is opportunity and sustainable development.

Livable environment and holistic architecture is a study that is overall, comprehensive, systematic, ecological, and sustainable. We are making great efforts towards that end.

1 城市形态与建筑形态

Urban Form and Architectural Form

1.1 科学的策划
Scientific Planning

宜居环境是一个复杂而整体的系统工程，每个地区、每个时段人们对宜居和幸福感都有不同的标准和要求，即使在社会的不同层次也有不同的要求。发达地区和较发达地区又和欠发达地区不同，我们要以制宜的态度去分析。

策划要求我们要有**预见性**，即根据国家和地区的政治、经济状况，人们所能获得的利益及其满足程度为基础。策划要求我们从现实的基础上去预见，而不是凭空去策划。所以要有科学的态度，既从全局又从局部去想，既从中央又从地方经济发展计划去想，预见要有尽可能的可行性，以期达到目标。

策划要有**可行性**。可行性是我们行进的路线和方法。可行性是在现实的基础上向前走，依靠政策的保证，这种保证是可行的，可靠的，不然一切都将乌有。可行性一定要建立在现实的基础上，即求实地满足人民的需要。现实的可行性，即从政策上提供保障，从中央到地方单位给人们提供现实的保障。当前我们国家经济发展不平衡，但对人民尽最大可能多方面地进行生活水平的提高，改善城市基础设施、社会福利水平、住宅和医保，使老有所养、幼有所依，使人们处处都能感受到一种亲情的关怀。

策划要有必要的**保障性**。对人们最重要的保障是"居者有其屋"，我们国家提出建设保障房，这是首要的，国家各地区城市建设大量的保障房，这是宜居的重要地位。居住位置要与工作地点合理布局／协调，且可达性强，使百姓住得起、住得好。

医疗保障也要求达到人们最近最宜的地段，城市有更好的医护条件。最重要的保障是安全性，在现实社会中，不可预见的事件，如洪灾、火灾、地震等等频发。国家和地方要有相应的抢救资金和物资，能立即启动，第一时间赶赴现场。

策划要融入**节能减排**的理念。全球性的气候变化，CO_2的排放及其控制，要求我们在策划中充分考虑，在城市建设阶段、改造更新阶段以及规划组织交通中贯穿这种观念，在城市与建筑各个环节中融入节能减排的理念。

策划中要有**可持续发展**的理念。为了可操作、可预见、可保障，在节能减排的基础上一定要有可持续发展的理念。实际上这是一个环节问题，即合理地开发资源和可控制地利用水源等可再生能源等等。策划要考虑我们共同的未来（当然还包括人口的增长）。不能吃子孙的饭，有些事要留给后人来解决。在环境上要维持生态系统的平衡，既要考虑当前的发展，又要考虑未来发展的需要，切不可牺牲后代人的利益来满足当前。可持续发展是一种反思，我们要有整体观念，大到国际、区域、国家，小到我们每人的行为活动。可持续发展是国家的基本战略，体现人类在时空上的公平性。把发展看成一个整体，控制是一个整体，保护也是一个整体。其中人口以及可利用的资源都要科学地控制和策划。

我们探求科学地研究宜居环境，要首先了解和研究科学的策划。

策划是一种在城镇建设中的整体和局部的计划和规划，

是设计之前从经济投资、政治、科技、文化上的一种研究方法，它先于规划和设计，是对新建、改造、改善、更新、再生的一种研究和方法。策划具体包括以下方面：

（1）必要性，明确有无必要建这一项目，耗用多少资源，在政治、经济、社会上有何价值及其对地区人民（或全国人民）的作用，建成后的效果又将如何。

（2）有无可能纳入规划使用的土地，土地使用的可行性及其是否具备可能批准的条件，是否符合国家政策。

（3）有否经济上的投入，经济的来源，是国家的地方的、国有的私有的，还是外资的。投标的可能性和可行性，投入的时效，全过程的分析，包括短期效益和长期效益，投资渠道的大小、可靠性、及时性，以及贷款和可行审批的程序等等，都要进行分析。

（4）城镇、区域外部的大型基础设施条件及城镇内的内部条件，基础设施的长期行为或短期行为，是一次性还是部分逐步完善。交通上的通勤能力，供电的能量，供水及排水是外接还是自我处理，垃圾如何处理，污染如何排放，这都是最重要的事，其序列和措施的可行性都需要考虑。

（5）策划要先于规划，至少和规划平行，考虑规划的性质、规模，与城市相关设施的接口的大小和时序，这是一种科研。

（6）地区地段的人口、住所、来源，如工人的来源、通径，施工时的工作条件等。周围相应的福利设施，如医疗、交通、商业，建设的存在可利用相关福利设施的程度，对规划、城市设计、建筑设计有先导作用。

（7）科学的策划是宜居环境的先导、先行，是一种科学的分析。

（8）纳入生态的种种要求，自然生态和社会生态，以及人际关系和社会关系，在节能减排中起何作用。

（9）地段的人际关系，对少数民族的保护和尊重，包括对象的转化程序及其可行性。

（10）我们说先于规划，即从地区、地段的调查研究入手，调查研究自然条件、地质、地貌、水流、水位等。调查研究是重要方法，需要依据数据的收集作定量和定性的分析。

（11）策划是一种政府行为，是整体也是局部的，是为了达到某一种目的而行使的一种预测性和预计性的行为。

（12）策划是整体性、可行性、可靠性融入价值体系。领导者、规划师、管理者、投资者、建筑设计者、各相关工程配合的设计者，起一种先导性的作用。

规划虽然有远期和近期规划，但往往得不到实现，或因主观客观不一致，或过程之中起了变化。它是一种理想，又是现实，要有科技支撑和数据分析，是一种预测又是一种分析。规划要有丰富的实践经验，也要有创新实践的经验。

策划是一种环境和整体生态的思考，网络型全方位的思维，在信息时代，有时也要跨越性地思考，并借鉴前人的经验和教训。

我们的策划调查和研究要依据专题的、整体的报告和任务书，提出所要求的目的，如地区、城镇的布局与规划，城市大体的分区，地形的利用，河流建桥的大体方位，城市中心的几个可能，道路大体走向和比较，人们最宜居住的区位，启动区的可能，交通运输与生长的关系，以及改造又怎样改造，拆迁比又怎样定量，搬迁又如何搬迁，社会内的结构调整又将如何等等。总之策划是管理者、规划者的共同任务，要做到心中有数。达到可预见性、可行性，符合国情、地情，符合地区人民的需要，要实地做出研究。

建筑策划学，在美国、日本等先进国家已有成熟的研究，人称 Architectural Programming，有的甚至在大学设置专业。前面我们说过它是全方位的环境研究，是政治、经济、社会、科技、文化的整体研究，它不是一种限制，而是更好地学习和创新。

在现实中我们每年有国民经济计划，GDP 的增长计划，我们还要有一些为城镇带来幸福指数的增长计划，要平衡各方面的关系。

现实生活中常常出现"头痛医头、脚痛医脚"、重复建设以及组织混乱、系统之间相互矛盾等种种现象。我们要从区划，特别是行政区划来思考，因为各区划都有自身的利益，要做到贯通、统筹和平衡。

我国正处在一个转型时期，在政治和经济建设中，工业发展要促进它们的转化，所以在政府投资的各个阶段，要有不同的处理和方法。城市的规划，特别是近期项目中要进行可行性的研究。要着重投资项目的策划，如小区项目投资的策划，重视开发商的圈地与规划之间的矛盾，力争达到投资

商与规划师的一致和统一。目前常见到开发商建设的封闭大院，自建围墙，脱离街道自我管理，小区设施分割，各自为政，小区道路也因之分割，不利周边居民通行的现象。

要将开发项目的策划与城市设计的策划设计统一起来，达到科学的评估，注重建设的时序、过程，动态地变动，要有法律的保障，有好的监督机制。

我们进入市场经济化的时代，要做到管理者提供服务功能，审批中，缩减不必要的手续，为投资者、为客户服务。

我们要开拓、重视、研究建筑策划学，逐步纳入国家的规范。

策划是一种研究，它能促进我们创造性地规划和设计，策划既要贯彻始终，又要实事求是，是以人为本的活动、学习和研究。

1.2 城镇化与城市形态
Urbanization and Urban Form

城镇化是一种社会人口迁移的现象，即农业人口向城镇转移，使城市人口快速或稳步增加，它反映着城镇的工业化现象。由于现代工业，不论密集型产业还是高端型产业，都要有工人或有相当技能的人员，因此，工业生产是农村人口向城市人口转移的主要因素，同时城市相应的服务人口也与日俱增。

城市人口的增加势必扩大城市的用地，侵占农业用地，使农业用地变成城市用地，增加城市的基础设施，如水、电、气，这促使原有城市的改造、更新和再生。

农民进城后，通称农民工或打工仔，他们的生活如吃、住、行等都与城市密不可分。农民工在国家建设，特别是城市建设中起着十分重要的作用，同时也扩大了城市的居住规模，促使城市形态发生种种变化，当然也带来许多矛盾，特别是城市和乡村交接地区，有农有工，管理相对薄弱。

人类的集聚形成城市，城市包围农村产生城中村，于是城市管理与城中村的内部管理形成一种二元结构，再而统一。农民进城为工，以城中村及当地工房为一个跳板，城中村兼有贫民窟的性质，房价低廉且宜于生存，如深圳开始有300多个城中村，昆明有更多，对它的改造更新是当时城市建设一大问题。我们讲房改，开始是福利分房，接下来为低收入群体建立廉租房，国家政府为此有大的支出。

市场经济的开放，兴起了房地产热，房地产商兴建住宅，有低档的，有高档的。政府设立招标公司，进行土地的买卖，带来的利润用来满足城市建设、基础设施及社会福利的需求。

城市的土地机制成为城市用地转换的重要机制，政府要平衡开发商、居民和政府的相关开支，就要策划好、计划好、规划好、设计好，在总的框架下做好各种建设和管理工作。中国的产业一般说有三种，第一产业主要为农、林、牧、渔业；第二产业主要为工业，科技也是生产力，高智力的劳动也属于第二产业；再即是服务业，如商业等，这为第三产业，它们占有相当的比例。我们说旅游业是无烟的产业，在一些主要旅游城市，如黄山市、武夷山市等等，其服务业人口相对要多。

城市的扩大也扩大了城市的区划，如县级市，扩大行政范围，这是常有的事。

城市化现象带来了地区的变化，这是由于经济的联系、信息化的转达，导致要进行跨行政区域的研究，所以城市已不再仅仅是一个城市的问题，还有城市与城市之间的问题，区域的问题。如长江三角洲的问题，跨越了上海、江苏、浙江甚至安徽，南京市又影响到安徽省，最近政府又将苏、锡、常和宁、镇、扬各划成经济圈，这种复合现象是必然的。产业的快速发展使某些特大城市具有更大的辐射力，例如上海可以辐射到全中国，甚至海外。我们不妨称之为"力"的作用。行政管理有行政管理的"力"，经济有经济的"力"，文教科卫也有一种"力"，物质建设与精神建设都是"力"的双赢，没有高文化、高科技，先进的生产力上不去，没有高文化、高科技，也难以有全民素质的提高，事物的发展是一种螺旋形的上升，我们可以看到重影，但不是重复。

在先进发达的国家，假日里人们都往城市外住宿，上班返城，在城市道路上产生拥堵。

城市化带来了工业化，工业化使小汽车的尾气排放成为城市的主要污染之一，特别是小城镇工业的发展使附近的水源也污染了，苏南似无洁净的水，所以城市化也给城市生活带来很大的负面影响，如废弃物日益增多，人们很难见到蓝天。车辆急剧增多使城市拥堵，小汽车占据住宅区公共场地，停车场成了一个很大的问题。如何综合利用土地？开发地下空间成为综合利用土地的需要，称之为 Mixed Land Use。

开发地下空间，如建设地下铁道、埋设各种地下管线，以及开发各种地下游乐场都是我们现在和未来利用土地的一种可能。

新鲜事物的出现可能会带来不同的问题，有正就有负。新技术的出现，创造了新的技术时代。

远古在山洞生活的人走向梁柱，再到拱和穹窿，称几何形，这些都是从不同历史制度中创新出来的。制度与生产力，即上层建筑与经济基础是相互运动的，这是"反映论"，是历史的辩证法，也是马克思主义的重要观点。

我们需要面对现实。我们伟大祖国的传统历史文化历经5000年传承下来，这其中有进步的也有糟粕的，我们要吸收进步文化和科技，实事求是，为人们服务。改革开放，让一部分人先富起来，调动积极性是对的。当前，我们有富裕阶层，也有较贫困的阶层，如何转化、共同致富是一个问题。

我们要有政策的引导，靠政治，靠管理。管理自上而下，但也要有公众参与，民主的进程中更要有法治。

我们会有很多变数，城市化的进程可以和各个发达国家进行对比。城市化与政治体制、地区经济的发达程度、地区的经济特点，以至环境都有关系。特别是中国是一个文明古国，有着几千年的文化，城市建设与积淀的城市文化底蕴有直接和间接的关系。

5000年来，封建王朝更替不断，有都城、边省、州、群、县等级之分，有形制，是为南朝北市之说。1840年以后，帝国主义的侵入使中国沦为一个半殖民地半封建的国家。在沿海大城市，有殖民地的租界或领地，有民族工业、外国工业。进步的生产科技，也开始引入。应当说那时是城市现代化的开始，如果封建王国的城市化是行政化，那么半殖民地半封建的城市化带有双重色彩，我们需要科学地分析。

改革开放后中国城市化的进程只是沿着沿海和长江中下游发展，呈"丁"字形（图1-2-1）。

1949年中华人民共和国成立了，我们的城市化经历过一个复杂曲折的过程。解放初国家学习苏联，苏联援助我们项目，在哈尔滨、西安、洛阳、兰州、包头等地以及在西部山区开设工厂，这些工厂的布局和建设对城镇化发展的速度有影响。1954年社会主义改造，一些民营企业受到制约。1958年的"大跃进"要求钢产量达1080万吨，1960年代中央号召工业学大庆，农业学大寨，人民意气奋发，斗志昂

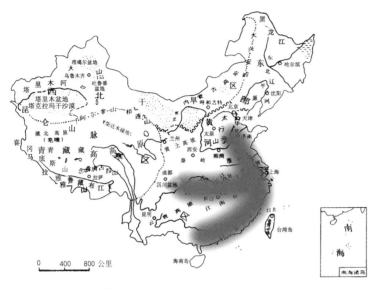

图 1-2-1　丁字形发展

扬是件好事，但随之三年自然灾害，天灾人祸，不能不说对国力造成了很大的损伤。到了 1965 年，经济得到复苏，又有了上升趋势，但后继的"文化大革命"给经济带来了很大的破坏，几乎达到了经济发展的最低潮。中共十一届三中全会，粉碎林彪"四人帮"反革命集团之后，迎来了改革开放，迎来了经济发展的新契机。改革开放，也是从农村和城镇开始，1978 年，安徽小岗村 18 户农民搞"大包干"，打破公社化的"大锅饭"，进而进入了苏南模式和温州模式。城市工业化，带动了中国的经济起步。改革带来了外资引进，开放工业区、科技园区，以广东珠江为龙头，快速发展成较发达地区，长三角以上海为中心，再后为京津唐地区。内地的大城市经济发展也向四周蔓延，14 个城市，以深圳为试点，全面开放，使中国经济如雨后春笋般快速发展。于是中央又提出开发西部、振兴东北、中部崛起等口号和要求。经过快速的城市化，目前中国的城市化水平已经比较高，在全球经济危机的条件下，经济也由粗放型逐步向集约型转变。在一个时期内，同时并进，所以城市的发展，要求是稳步前进。

近 50 年来世界科技发展对城市规划和建设产生了很大的影响，计算机辅助设计、数字化技术，可将城市的现状地形地貌等数据储存在计算机内，也可以立体化、形象地表现，使人对环境一目了然。所以信息化、生态化与城市化有十分密切的关系，它们在统计、预测、策划、向农民传播信息上起了很大的作用。

快速便捷的交通，如快速列车、动车等等，和便捷的信息也改变了人们的工作和习惯，影响了人的行为。技术的快速发展和城镇化是分不开的。例如南京到北京，过去列车的时速每小时 80 公里，而现在已经到了 300 公里，甚至更高。科学的手段不但从定量到定性、定质，并且更加精细化，缩短了空间距离。

从整个城市化过程中也可以看到科技发展和社会的变化，有物质上的，也有精神上的。

目前，全球气候变暖，节能、低碳已成为全球共同考虑的问题，因为世界经济全球化已深入到发达国家和发展中国家，这是大趋势。我国是有特色的社会主义国家，与资本主义国家仍有大的差别，走一种全新的马克思主义道路，即有中国特色的社会主义道路，所以城镇化与社会化表现出不同的特点，但又有集中的宏观调控机制，使我们的城市也具有自己的特点。我国幅员广大，各地区因地制宜、实事求是地从地区特点出发，判断城镇化进程，这是我们所要求的。

我们认为城市化、工业化、信息化、生态化要互相结合。

中国是一个农业大国，所以要十分重视"三农"的建设和发展。做到城乡一统融合，走一条可持续发展的道路，使城市成为创新型、学习型的城市，一个文明、卫生、健康的城乡环境将呈现在我们面前。

生态化就是要大地绿化，把城市建于自然之中，使环境优美，空气新鲜，水源清洁，为良好的社会生态提供必备的条件。要做到生态化绿化是重要环节。

城市形态涵括城市集聚人口在城市所占有的土地及其空间，包括绿地、公共设施、道路基础设施等的设计，形成形态，它们与城市化有十分密切的关系。一般的规律是城市化速度加快，预示着城市用地的扩展、城市人口的加大，以及城市基础设施、福利设施、住宅、医疗等的必要条件的提升。

城市形态表现为：

（1）城市的发展由内向外，其初期为由低向高，再而由高向低，城市中心高层突出，在国外中心地区称Down-town，而城市周边则是呈低层的建筑群体，实际上是地理学的中心地学说的论断。

（2）新陈代谢，即城市发展更新过程中，旧的要被新的所代替，但有历史性的历史价值和美的艺术价值、可使用的仍将予以保护。

（3）沿线发展，即沿基础设施发达的地段发展，逐步在方格中填满，线即交通道路和地下管线。划分的土地逐步被填满，是用地相对最经济的。这样滚动地发展，有利于加快城市建设、城市发展的速度。

（4）生长点的相吸，城市的发展由若干个生长点产生，不论是"二产""三产"都有相互的吸引力，相互作用，相互碰撞，即使城市形成各个组团，各组团也会相互结合起来。这就像磁铁一样，相吸相斥。

（5）城市的形态受到地区的、行政的、历史的、自然的、层次的、经济的、文化的因素影响，有一定的临界度，要求有行政管理上的控制。无限的发展是不利的。如英国伦敦的人口占全国的1/3，法国巴黎占1/10，这些超大城市的存在有利有弊，存在城市内的交通问题，城市边远地区的城乡结合部等社会问题（国外仍有种族歧视等矛盾），更有不适合宜居的问题等。城市的灾害，如火灾、地震等，以及不可知的因素也使之不宜居住。特别从生态的观点看过于集中会产生社会矛盾。

总之发展是硬道理，但发展中要有控制，控制中求发展，要平衡二者之间的关系。

我们知道形态中有动态与静态的关系。

在当今这个时代，我们研究城市要从两个方面着手，一是将城镇化与工业化、信息化、社会化、生态化结合起来（这里提的社会化是指社会的住宅、医疗、福利的保障），二是一切要从可持续发展的观点来认识。

1.3 城市形态与城市规划
Urban Form and Urban Planning

城市形态指人口聚集在共同空间、同土地上的空间占有的状况，包含地上的、地下的、空间的，它随着城市的发展而发展。

城市的发展是有机的滚动增长，以满足人们日益增长的生产生活需求。所谓有机是整体的，各机制相互配合的，有机是系统的，达到可持续的发展。

城市形态的研究要讲因地制宜，要与地形、地貌、气候、地区的风格结合起来，城市形态不是就城论城，而要与地区总的发展结合，同时重视地区大型基础设施的建设。在地域中，必须把城市和农村的发展结合，使之有差别，又有一体和融合。在城市规划中，最重要的工作是空间布局，一般城市有几个重要的功能区。居民区用地最大，有众多的用地可以与之相近，如大学校园、公共建筑、社会福利设施、中小学校、大型医院、城市中心和商贸中心等，是城市功能上的主导。还有工业区，重污染的工业区一般远离城市，一般带污染性质的工业区布置在城市的下风向，防止居民区受到污染。无污染的工业区可以和居民区合理组织，甚至设置在居民区内，便于上下班的交通组织。仓库区可以靠近工业区，而有特殊运输的工厂有可能引进铁路支线，在航空站附近因便于运输可设置一些空运的工厂及其附属设施。

其次城市的功能是靠架构，即由道路组成的，有主干道、次干道、街区道、街坊道路、小区的道路和林荫道等。大中城市的道路宽度主干道一般为60~80米，次干道为40~60米，街区道路为20~40米，街坊道路为12~20米，小路为6米，消防道不小于6米。一般环绕大城市中心区形成半环和环形道路，在外围形成城市外环通道，这使得很多大城市呈放射状。巴黎是世界上著名的大城市，它的道路呈星状，城市中有多条由重要公共建筑形成的轴线。再即是方格道路，便于组织建筑布置。城市在用地上被自然山川分割，形成田状的大城市，或带状城市，如兰州市，沿黄河而建，福建省的三明市也是一个带形城市，沿岷江而建。城市的形态受制于总体规划思想，如澳大利亚的墨尔本首届政府在城市中心预留大片绿地，城市则在其周边，符合生态要求，人们通过步行穿过城市各区。名古屋市二战后在城市中央留出100米宽的绿色大道来改善城市的绿化环境，纽约是世界最大的都市之一，在中央公园有大片的长方形绿地供人们休憩。这都是管理、规划者的功绩。北京的长安街宽的地方有110米，使一些居民过街不得不走地下道。组织城市的人流一是靠斑马线，二是靠红绿灯，三是靠跨街桥，再是地下通道，具体依建设的经济情况而定。

绿地是城市的肺，可以调节清洁空气。城市的山水，如杭州的西湖，南京的玄武湖、紫金山，为城市空间创造绿色环境，保护、控制、利用这些绿地是规划者必须考虑的。规划中城市周围有大片绿地农田，城市内的各个街区都有不同大小的休闲场所，如小游园、小公园、绿化带，互相配置，但在实际状况中，经常被经营者以其他目的而改变用途，这是错误的行为。

住宅区、工业区、仓库区、绿地、道路中心地段是为最重要的功能区。

城市中心有行政中心、经济中心，即商贸中心，简称CBD，还有文化中心，这都是城市人口聚集的地方。有的学者认为CBD是自然生成的，有的认为是规划设计的，但在快速发展的城市中，有规划的实践是可能的，如深圳中心区。所以作为建筑布置常处于可控制和不可控制之间，有许多的不可预见性。

城市要发展，必然要扩张土地，这土地大多是农业用地。我国有近14亿人口，农业用地是十分精贵的，国家必须保证耕作用地数量。在发展的过程中，大型基础设施，如车站、机场、动车线、高速干道线等等都要占地。合理科学地使用土地，是我们必备的知识和做法。在大城市中要充分利用地下空间，我们正处在一个大城市开拓地下空间的时代。

目前，我国城市化已过50%，也就是说，一半人口将生活在城市中。从每年春节前后的人口"大迁移"中可以看出，巨大的人流、车流往返于城乡之间。进城务工，要求农民有相应的技能和知识，成为建设城市的劳动者的主力军后，"乡下人"转变成为"城里人"。农民工进城要就业、住宿、交通，所以城市基础设施、福利设施要相应的增加，还有孩子上学等诸多问题要考虑解决。

农民工进城最大的问题是户籍问题，城里人和乡下人是平等的，城市化某种意义上是人们最大限度的素质的提高。

在城市里有的农民工已居住七八年，有住处，有经营，有自己的车子。可见城乡的融合就从这儿开始，也是城市的生长点。

我们国家的土地由政府挂牌拍卖，取得的资金用于建设城市，支付建设公共设施和管理人员的工资，再有房地产的建设中，房地产商获得利润并上缴税收，所以一个时期房地产价格居高不下。2012年政府决定建1000万套保障房供给年收入1万元以下的低收入人群。2013年也同样建设这样的楼房，使"居者有其屋"，这种建房有利于低收入的居民。由于住房数量大，出现了部分空关房，政府也出台了相应措施如每家套数的限制来解决这个问题。总之满足各种人群的要求，既发展又控制，使之均衡地发展。住房建设是百年大计，建筑质量尤为重要。住进廉租房的居民，其收入会有分化，怎么分配保障性用房，存在一个矛盾。保障性用房建得太多，将来又可能成为新的"贫民窟"，质量如不合格就可能成为新的危房。这两个方面的发展都有可能，需要研究。

房地产商所得的土地与规划的土地不相吻合，造成了地产商的征地使居住区规划不合理，城市中建的什么苑什么花园是为例证，又有各自的物业，这与居民委员会的管理体系不符，又将是一个矛盾。

同样在医保方面，把二级医院和三级点分到小区、街区中去，给居民提供了便利。但如何提高医疗水平、医疗质量，是一个重要问题。我们不能简单看投入多少而更要重视政策最后促成的结果。

我们国家是一个缺水的国家，就全国而言，在城市中除了几条大江沿线的城市水供应比较充足外，内地的城市用水基本处于比较紧张的状况。北京是一个缺水的城市，要从远处的密云水库引水过来，大连市也是这样。中国是世界上三大缺水国之一，在北方尤其严重，所以南水北调是一个战略问题。

此外就是水污染，几个大淡水湖，在发展工业时，受到严重的污染。发展小城镇时，村办企业，使江南已无干净之水。水的净化要几十年的时间，特别是地下水的开采。北京在解放初地下水位仅几十米，现在要上百米。若深层水受污染，就难以恢复了。由于气候的干旱，缺水现象在全国各地不同程度会有反映。这些年的灾害，使中央下决心要治理大的江河及修筑小水库。

城市水的排出应分为污水和雨水，过去两种水都通过一个管道排放，现在实行雨污分流，充分利用雨水。华沙建城，在上百年前就建了大型排水设施，二战时著名的"华沙一条街"的战斗中，城市被法西斯占领，但游击队仍在下水道中进行顽强战斗。可见城市发展的预见性和策划性是多么重要，从城市的发展和保护来看，保护净化水资源是多么重要。

西北，内蒙古、宁夏、青海等都有大片沙漠，常年的西北风，春天的季风对北京这样一个首都城市有很大影响，建立宽厚的森林防护带至关重要。防沙治沙是一个长期的战略任务。

我们国家幅员辽阔，但缺乏石油、天然气，这个人口众多的国家在燃料供应上存在一定的困难。虽然我们有克拉玛依油田、大庆油田，及渤海油田、南海油田，但数量还是不够。为解决燃气问题，我们从俄罗斯引进输气管道。长江三峡水坝、三门峡水坝等对我们的电力供应起了很大的作用。我们的煤矿资源比较丰富，大中城市利用煤炭来进行发电、供暖，因此煤炭要作为国家科研的重点。

全球气候变暖影响了全世界，成为发展中国家和发达国家都必须慎重考虑的问题，因为只有一个地球，发达国家在发展过程中已经排放了大量 CO_2，而发展中国家偏低，《京都议定书》得到大多数国家的认可。特别是世界上靠海的国家，海平面上涨导致海岸线改变，对其产生了不同程度的影响。一方面，过多地抽取地下水使地下水位下降，产生空洞现象，一方面要不断灌水防止地面下沉。我国北京、内蒙古一带就有空洞现象，在四川一带也产生过空洞造成的地壳下陷现象，甚至迫使整个居民村迁移。湖南还存在着重金属污染等问题。

全球气候变暖要求我们低碳节能，充分利用发展再生资源，如太阳能、风能、地热能等。在德国利用的太阳能已占到总能量的1/10，而我国新疆、山东等地也作为示范性工程，不少城市作了很多积极的探索，充分利用绿色建筑技术，开展相关研究。

时代发展了，城市形态的研究涉及人口、土地，即规模问题，再即是城市性质问题。我们要十分关注科技的进步，使之服务于低碳、节能。我们要降低城市中汽车废气的排放量，要采用节能的电动车，增加自行车的使用率，使废气排放降到最低。

面对这种形势，我们的城市更要成为一种服务型、创新型城市，城市的规模要制宜。我们有快速动车，有快速信息网络，它可以改变我们的时间空间观，改变我们的生活习惯，评估历史上已形成的形态，把形态、生态、动态紧紧结合起来。

城市是人类物质、精神文明的结晶，所以遗产保护尤为紧要，现状保护、视觉保护、艺术和使用保护都是要保护我们在城市中的记忆。

我们研究规划还要十分重视城市的艺术、乡镇的艺术，总结保护历史文化艺术的同时，在具体规划时要重视线性，使总图在道路、河湖的配置下也是美的。

现代城市有许多"城市病"，这都是在发展过程中形成的，城市还在不断新陈代谢，我们需要总结出现代城市规划的新理念和新方法。

1.4 城市规划与城市设计
Urban Planning and Urban Design

城市规划大体上确定了一个城市的规模、性质，它的位置、发展方向及远景如 20 年后的预计规模和近期 5 年的发展状况，确定了它的发展趋向及相应的行政区划，确立了城市的构架、道路网、绿地系统及环境、公共布置及城市的基础设施，再即是对外交通及枢纽位置等，确定了城市的建成区及所属县市（县级市）乡镇、自然村的管辖范围及保护农田的范围，再加上水域面积的划分，确定了城市对外交通道路的管理辖区，以及城市的范围、人口及相应面积等。

我国的城市规划条例中有明确的规定，如何建设则在条例中也有详细条款及相应的指标体系，如容积率、道路宽度、地下管网的定位等等。

那么城市设计又是什么呢？设计是建设的前奏，有用地大小，有红线，有蓝线以及容积率要求等诸多限制，设计是规划的继续。周恩来总理在修建北京地铁时总讲"要精心设计"，可见建设前是要设计的。在城市中一切景象包括规划都可以设计，如"红绿灯"要设计，广告要设计，邮筒要设计，连人行道也要设计。总的又是个整体的设计，可谓设计城市。设计城市从建筑、道路、绿化到工业建筑、公共建筑、居住建筑等，应求得互相匹配、相互制宜，创造宜居环境，这是我们城市设计与城市规划互动所要求的。

历史上有许多有影响的城市建筑及设计，如意大利威尼斯的圣马可广场（图 1-4-1），法国的凡尔赛宫（图 1-4-2），俄罗斯彼得堡的夏宫（图 1-4-3）及入海口海军部大楼等等，在中国，则北京有天坛、故宫，山东有曲阜孔庙，南京有明故宫等等。

关于城市建筑设计的书如 *The Arts of Building Cities*（城市建设艺术），作者卡米诺·西特（Camille Sitte），作者写作时正值开始有汽车交通，他怀念中世纪及古典时代的教堂及广场。这是童寯老师推荐我读的第一本书。

图 1-4-1 威尼斯的圣马可广场

图 1-4-2 法国的凡尔赛宫

图1-4-3 俄罗斯彼得堡的夏宫

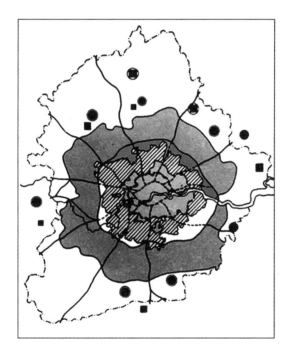

□ 外围　　 ▨ 绿带圈　　 ▨ 近郊圈　　 ▨ 内圈
— 快速干道　···· 干道　　— 伦敦郡界　－－ 大伦敦
规划区界
■ 建成的新城　● 计划的卫星城镇

图1-4-4 大伦敦卫星城规划

其次有 *The American Vitruvius : An Architects'Handbook of Civic Arts*（美国维特鲁威：城市规划建筑师手册），作者梅尔斯（Thomas Myers）、海吉曼（Werner Hegemann）和匹兹（Elbert Peets）。这是18世纪美国芝加哥学派的书籍，作者介绍了新古典建筑，其中有许多规划设想案例，可作为一个时期的风格艺术。之后还有美国的柯蒂斯（Curtis）的《构图原理》。对我国城市设计有影响的是吉伯德（Fredrik Gibberd），他著有 *Town Design*（市镇设计）一书，他是二战后大伦敦卫星城（图1-4-4）"哈罗新城（Harlow New Town）"的设计者，之后还有 *Town and Village Design* 一书，论述美国南北部的村落及其改建的规划设计。在用词上一时用 Reconstruction，一时用 Rebuild，再即是再生，用词为 Regeneration。东南大学建筑研究所则著有《城市建筑》，王建国著有《城市设计》等。天津大学彭一刚所著的《建筑空间组合论》是本好书，也涉及城市设计。

在我国现实中存在着城市设计，或称概念性城市设计。事实上可归为四类，一类是整体上优秀的实例，如故宫、天坛等等，这是历史上所形成的，是有规划或逐步拼搭而成的；其次是控制性的城市设计，为的是使这个地区、地段能整体地设计或控制得具有指导意义；第三种即有相当的投资，短时间内实施，如东南大学九龙湖校区等；最后是某一建筑群体在设计实施时充分考虑到周边的环境、道路及其设施等而进行的设计。

城市设计的含义比较广泛，它着重于群体的构型或构造。

Town Design 一书，对我国城市设计的理论有较大的影响，作者吉伯德将空间分为开敞的和封闭的（这是相对而言），书中的照片连续拍摄，有动态。在这本书的启迪下，我写了《建筑群的观赏》，内容是：空间与空间感，即有物质才有空间感，空间感分层次，特别是二次空间；观赏的动与静，

动即线形活动的观赏，要求有狭长的空间，静的观赏要有宽广的视野，线形的，或敞开的；再即是观赏的连续性，要有全面整体的设计，有时也要有拼凑的衔接，这是建筑师的手段和方法。

在我们长期的建筑设计中，尤其在城市设计中要注意以下5个方面：

（1）"轴"（Axis），指在城市用地上有形或无形的轴线。如小到步行街就是一根轴，大了讲大城市如南京就是以中山路为轴，当然城市也有横轴，或"十"字形轴。轴的概念有明确的也有精神上的（Mental）。轴有对称的，也有不对称的，但总的是平衡的，人的心里实际上有一个所谓的精神上的轴，是一种非视觉上的轴。某种意义上说轴在城市中起着引导作用，也能引导城市发展和控制。

（2）"核"（Core），指城市中的中心，有政治中心、文化中心、经济中心（商贸中心）、体育中心等等。行政中心管理服务于城市，而体育中心则为开展体育活动所用，最为活跃的则是商业中心，它有时与其他中心结合，吸引人流，是为城市人流最为集中的地方。城市中心设计是复杂的，中心商铺的廊道要有连续性，便于识别商店，车行与步行分开，要设置足够的停车场和地下通道，在英国的卫星城市中哈罗新城，及米尔顿·凯恩斯城（Milton Keynes）都是很好的实例。作为街区的城市设计要有幼儿园的设置，尽量避免车辆出入街区，各国的城市街坊都有它自己的做法。特大城市的商场则更应考虑内部的空间组织、货物的进出口、货流的集中和疏散的关系，这都是我们设计所必要的。

（3）"群"（Group），是城市基本部分，如工业区、会展区，面积大者是为住宅区、街区。群好比是人体的肌肉，均衡而丰富，城市各个区都有机联系，有机生长。各个组群要发展，要制宜，有机滚动生长，最终还要取决于城市的规模和性质。

（4）"架"（Structure），是支撑。我们可将城市比作一个人的大脑与心脏，如核，人的外表是对称的，是为"轴"，人体是为群，而表皮则为界面，骨骼则是构架，所以是整个机能的表现。这只是一种比喻，但城市总是城市，它在地面上。地面的地形、地貌、地质，呈现一种生态的环境，而城市设计有山地的城市设计，有平原的城市设计，还有滨水的城市设计，它们之间是不一样的。山地的城市设计要考虑坡地、不同等高线的基础、山地的道路和基础设计、各幢不同高度建筑的出入口，还要考虑到山地建筑的景观。如香港也是山地城市，它较好地处理了这一点。夜晚万家灯火时，可以实现山地的美景。平原城市因选址在平地（当然一般城市都要建在平地上），城市的基础设施，如雨污排水设施等等是一个问题。

（5）"皮"（Skin），是指界面，即街边的整体立面（Outline），包括从街边中看的适视面，以及从远处所见的侧影（Sihouette）。

在旧城改造中，城市设计要十分重视现状的利用，哪些需拆除，哪些需保留，要判断。南京城南的民居有许多是可使用的，但大片地被拆除，十分遗憾。在历史性城市的设计中要十分重视历史遗产和文化物质的保护工作，不但重视物质、非物质文化的保护，且要重视景观上的保护。

城市设计是一项整体设计工作，同时也是一项环境设计工作，包括主体环境到细部环境的设计（即次空间设计）。城市设计也是一种整体设计。当前条件，面临全球气候变暖的问题，要有节能减排加绿色规划和设计的思想，保护绿色，加强绿色建设和规划设计工作，使城市适用、坚固、经济、美观、生态。

城市设计也是一门城市科学，它是辩证科学，不妨说也是一门建筑群体的设计学，设计城市中心，设计街道，设计住宅区及工业区、会展区。现实中的历史城市有许许多多的优秀实例，不论是有规划设计的还是自然形成的，都值得我们学习。我们不难发现在全国各地自然村中有许多组合空间的优秀实例，但我们也看到我们正在大规模地建设，有许许多多遗憾的现象出现了，我们在建设中犯了许多不该有的错误，我们当吸取有益的教训。

总的讲发展是硬道理，这是经济发展的道理，但具体工作时要看控制什么，保护什么，怎么更新，怎么改造，怎么再生。解放初期，学习苏联，虽然带来了城市规划的理念，但是苏联的规划设计思想多少带有复古的古典主义，有合理部分也有不合理部分。在一些发展中的城市至今也能看到令人遗憾的痕迹。再有我们逐渐有了规划法，有总体规划、控规、详规，有长远的有短期的，但经济的发展会受到诸多社会影响，面对诸多矛盾，我们需要有不断的认知，与时俱进。

城市设计的实践常常会碰到不可预见的因素，这是受到自然的、现状的、政治的、经济的、管理的诸多因素的影响。我们可以看到有许多美丽的世界名城，如巴黎。在巴黎有明确的街道，有诸多的纪念建筑、诸多的对景，可从圣心教堂高地向下俯瞰，可以看到城市几乎是一片平平的屋顶，香榭丽舍大街整齐而低矮，几乎都是 6 层建筑，那是当时城市总体控制的结果，但看不到绿色。怎样有大片的绿色，是当今绿色城市的建设需要考虑的问题。改革开放初期，由于利用原有的城市基础设施，城市改建用的是"见缝插针"的方式，城市被塞得到处是高层，现在是否也可以见缝插绿呢？城市有些地段可以是绿色的界面。

1.5 城市设计与建筑设计
Urban Design and Architecture Design

城市设计与建筑设计同为设计，不同的是一个对象是群体，而另一个是以单体建筑为主，以达到施工技术直接建造使用为目的。城市设计要考虑修建性详细规划，土方平衡，容积率及相关入口的道路，上下水接口，建筑的施工图（有结构、材料、大样），在其周围的消防通道，在其室内的消防隔离区、安全门及消防措施等。建筑达到24米以上为高层建筑，100米以上为超高层建筑。建筑的日照时间有相关规定，高层之间的间距也做出规定，由政府组织，在基地设置红线，划出基地范围，为建筑具体设计设置条件。

作为一幢建筑，为了建造需要有坚固的基础，为应对气候的冷热，人的工作居住建筑要有外墙墙体，为了室内采光通风要开门窗，屋顶的覆盖要有防晒、防雨雪的功能，这是很普遍的知识。室内要增加容积就要有楼层、楼梯，当技术可行逐渐建多层和高层，摩天大楼就是这样建起的。高层节约土地，可设置必要的电梯供人们上下，在楼内有水平的通道，上下有垂直交通，考虑消防梯是重要的，高层建筑还有避难层，这是对一幢高层建筑最简单的概括。人们到达自己生活、工作的房间有一种程序，由程序来组织空间，由于社会上的尊卑之分、高低之分，功能使用有大小之分，于是在设计时要组织空间。再即是其他服务空间。

由于自然地形、功能不同，气候变化冷热差异大，北方干燥寒冷地带的建筑与南方湿润地带的会有不同，再加上各地习俗，如少数民族的习惯带来的差异，要求使用功能上有不同的设计措施。功能使用是为人服务的，功能是基本的，是以人为本的。

人的活动、人的心理、人的行为总会自然而然、自觉不自觉地表现出来。表现在内部的设计为陈设，表现在外部的为建筑风格和样式。随着文化的交流、全球经济一体化、世界建筑趋同化，于是产生了世界的地域建筑和地域的世界建筑，二者并存。

我们说设计城市，建筑更应当设计。

从建筑空间来分，有排比空间，即相同的空间组合在一起；有大空间，可用作体育馆、停车库、影剧院；混合空间，即排比空间与大空间混合组织；再即是多层与高层的复合空间。

从使用功能来分，大体上有体育建筑（健身房）、医疗建筑（如医院、保健房等）、影剧院（包括剧院、影院，还有地方戏剧院）、图书馆（省级、市级、县级等）、学校建筑（小学、中学、学院、大学等）、文化活动中心（小型公共建筑群、会所）、办公建筑（行政、银行、企业办公等等）。

从结构来分，又可分为木构架、砖混结构、钢筋混凝土、钢结构、充气结构、帐篷结构等，它所表现出来的是线性和非线性的，也即几何形的和大空间悬挑形的。现代建筑的飞速发展早就打破了西方传统的古典模式，而中国传统建筑模式融入了西方的多种元素而呈现多元化。

城市设计是城市中区段的设计，而建筑设计大多是单幢建筑或建筑群的设计，它们有共性也有个性。个性是其特点、性质和规模，还有区域性质。例如南京市是一个 880 万城市人口的城市，解放前城市骨架已经拉大，道路也还宽敞，建筑的高度或尺度大体与城市匹配。可见建筑与城市设计是相关的，而城市设计也要为建筑设计创造条件。建筑群中的住宅一排排地排开似有节奏，即节奏感，而门私密地开敞也有节奏感，所以二者互为配合。如果城市设计的道路是一根轴，那么建筑群可以构成对称的和不对称的，呈现匀称的。可见二者是互通的。

城市设计的管理者一是要拥有建筑设计的知识，同时建筑设计者也要根据城市设计进行建筑设计。二者兼得的设计者是最好的。英国二战后的哈罗新城的设计者吉伯德就是一位优秀的设计师，他从城市设计到单体设计都见长。至于城市规划设计者，除了有规划设计才能外，有建筑单体设计才能那就更好了。

有居住区的、工业区的、交通枢纽的、会展区的城市设计，各城市中分等级的主次干道、城市公园、小游园等则是建筑群和单项设计。

我们研究其基本原理。一般我们讲群为"二"，二者为群，战斗机在高空飞行时有长机、僚机，那就是群，这在城市设计和单项设计中非常有用。沿街建筑一般平行布置，再即是前后错开，怎么错是一个技法问题，少错似乱，多错则又修地，要处理"错"的关系。正好比天上的大雁，一前一后有序，是一种韵。在住宅区中一组组的组团，也依靠一对对群的住宅，住宅群的节奏也无不兼有群及其组团。所以别单看组合空间的"二"。

若转化为"三"，作为组织空间体就更为有趣了。世界著名建筑师密斯·凡·德·罗（Mies van der Rohe）在西班牙巴塞罗那国际博览会中的德国馆，未设墙柱承重，将"┌"和"L"形组合得十分自如，可称为空间大组合。我在许多建筑设计中运用这种手法取得了成功，加上连廊可以将建筑群做得十分自如。"┌"形，可在各个视觉群体中都富有变化（图1-5-1）。

人们会问建筑设计与城市设计的核心是什么，我就会说是"空间组合"，城市设计如若没有建筑设计的支撑，即无

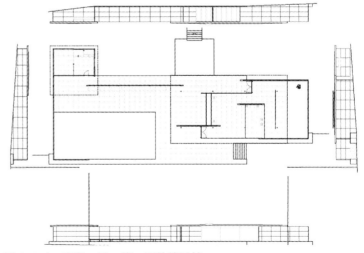

图 1-5-1　密斯·凡·德·罗的德国馆

所谓城市设计，相反没有城市设计建筑设计，也会失去秩序。所以有序的设计至关重要。

城市设计要组织好开敞空间和封闭空间，开敞空间与封闭空间是相对的。在功能上要有组织地做好步行和车行的分开，特别在交叉口地段，做好斑马线、立交或地下道。在视觉上要有松有紧，有敞有闭，有良好的视觉景观。景观的连续性，要有"动"的观赏和"静"的观赏。在现代快速交通中要关注快速车道的视景，即 Traffic for View。

在强调连续性的同时，我们也要重视"间隙"，即空间的中断，就好比音乐中的休止符，一般我们常用绿化镶嵌成"休止符"。

有一本名为 *Landscape for Living* 的书值得一读，即用现代的空间来组织艺术和空间的关系，不是像古典空间那样沿着道路来组织树木，而是根据大地上人们的空间需要来组织空间。在强调节能减排的今天，更要有意识地进行这方面的研究。我们要保护山林、水面，将不宜建筑的荒地变成绿色，城市设计更有组织绿色的作用。

过去我们讲界面，更多的是讲城市街道的建筑组合，我们今后需要用建筑与绿化的综合来组织界面。事物的发展要求我们设计中要有创新性的设计技巧。

在高层住宅群中，街道上除了有绿色的植被以外，更多的是从高层建筑群中穿行，这种穿行也是我们组织步行的重要方面（以杭州为例，这是一个很好的设计）。所以次空间的设计即一般人视线的组织，如挡墙、围栏、小泉、花草等设计都是城市设计要深入考虑的，当然包括小游园。

可以借鉴西方传统的优秀空间的实例，如西班牙的百步坡（图1-5-2）、圣马可广场的"L"形（图1-5-3），及西诺利亚广场的"L"形。"L"形

图 1-5-2 西班牙的百步坡

图 1-5-3 圣马可广场的"L"形

可以组织更多的视景，特别是它的转角处。一切优秀文化都应当被我们所利用，同时在利用中要注意转化和创新。

旧城、旧区的改造是一种必然，我们提出的是再生（Regeneration），即组织，有计划地组合，不断地加法和不断地减法，加什么、减什么都是人居环境中不可不考虑的。

我们回到农村乡镇建设，乡镇人口众多，在道路交通的交点要有意识地避开外来交通，要有科学的内广场和步行街，有合理的公共福利设施。

最终是土地的分配问题，不但要有大型的国土规划，也要有区位性的乡镇规划，更要有城市性的规划，使国土与城市设计有机地结合，流动地前进。我们要十分注重乡镇设计，不能千篇一律对待，也不能动不动就是"拼"，这就是规划设计的科学化。景观设计要有新的理念和新的方法。

历史文化文物保护地带的保护性设计要有环境的保护，即不准在其周围建构筑物、建筑物，不能有废气污染；其次要有对建筑的保护，对具体文物的防风化等保护，还有视觉保护。城市设计与建筑设计两个方面要有统一的认识。

1.6 物质形态与精神形态
Physical Form and Spiritual Form

城市建设及其存在是物质的，但人们的生存、生活、工作、休憩，那些人们活动的场所，又凝聚着极丰富的智慧和情感。这是一个活的城市，可以由物质发出它的话语和印象（Image），就是说存在人们的精神主宰了这物质城市。中国传统的王城都是方形的，前朝后市、左祖右庙都是主宰的精神所定的。我过去写过"观念的城市，城市的观念"，什么意思呢？我们的行为活动决定于我们的观念，几乎一切工作都是由我们的各种观念产生的，当然分有意识和无意识。历史上兴建一座城市，古代的人们首先想到要防止侵袭，意识到筑城墙来保卫，在那个时代很自然就会想到这一点。人们要居住，自然就会想到要建住宅，这叫"居者有其屋"，这是社会中从管理者到一般人都会想到的一点。过去苏联领导人斯大林说："干部决定一切"，不如说，干部的思想意识、观念决定一切。奴隶社会的奴隶主要统治奴隶们，要维护自己"至高无上"的地位；封建社会的封建帝王，他的观念是一人之天下，唐朝就是李姓，宋朝就是赵姓，明朝就是朱姓等。旧民主主义革命推翻了封建帝制，于是民生、民权、民主三民主义成为大家的共识。思想进步的实践，最终在社会共识中形成制度、法律，得到全社会的共识。它们指导我们的社会活动、各种建设活动。马克思主义是指导一切行动的纲领，毛泽东思想就是在中国土地上的一种实践，它推翻了反动统治、三座大山，建设了新中国，革命的政党也要有革命的纲领、政策和方法。实践是检验一切活动的基础，毛主席的"矛盾论"和"实践论"是马克思主义在我国的政治理论的发展，是辩证的和唯物的。党的十七届三中全会，把革命理论推向新的境地，科学发展、以人为本、节能减排、强调生态等原则都是我们强调以经济建设为中心、建设可持续发展的原则。科学技术是推动社会进步的动力，是第一生产力，必须有新的观念和思想来引领城市建设。我们今天已和过去不同，高科技产生了信息化、交通高速化，甚至一天的活动抵得上过去相当长时间的活动，时间、空间都发生巨大变化。城市化的进程要求我们加强社会化、信息化建设，城市的交通要求我们分别类型和方法，我们已进入到一个知识爆炸的时代、一个创新的时代。时代代表了先进的科技文化，代表了新的生活，我们更要全心全意地为人民服务。精神形态在某种意义上讲是一种动力，它推动社会的进步，它的作用和相互作用使我们国家快速发展、快速成长，先进的科技文化思想使我国 GDP 上升为世界第二，这大大证明了这一点。

我们说城市的物质形态受到精神形态的推动，存在决定意识观念，又决定了社会的一切关系，城市形态与建设中的精神形态是相互作用的。这里必须是学习型、创新型的。时代要求我们这么去做。我们在前进中会碰到这种那种的困难，正如国歌中所唱的"冒着敌人的炮火，前进，前进"，我们要去克服困难。

我们要有伟大的理想，那就是"共产主义一定要实现，世界大同，全面小康，共同致富"。各人出身不同，受教育不同，受社会的影响不同，在转型、复杂而多变的市场经济条件下，各人的理想也会不同，也会有差异，但要求富民强国是共同的，勤俭节约也是共同的。节能减排是全民应负的责任。对于全球气候变暖，我们承认在认识上有差别，但全民的爱国行动是共同的。

物质形态的建设和建立健康的精神形态也是共同的，其关键是实践。中国共产党在中国大地上运用马克思主义，结合中国的实际进行创造性的实践，取得革命的胜利，同样改革开放的30多年来，我们取得伟大成果也是靠实践。如果没有实践，一切都将乌有。学习靠实践，工作靠实践，一步步地在整个过程中取得经验和教训。人生苦短，各人的实践是十分紧要的，我们需要成功的实践，同时也要排除错误的有害的行为。人不可能不走弯路，儿时学走路也要摔倒，国家、企业、单位很难不犯错误不走弯路，一定要大胆而谨慎。重视方向，也注重细节，尽可能少走弯路。历史实践都是接力的，我们从老一辈手上接好这个班，关键就是实践。

抓住时间空间，抓住时机，抓住关键，处理好自然生态和社会生态的关系，这是我们必须遵循的。我们说细节很重要，转弯时、转型时、起步时、过程中的冲刺很重要，"关系"的平衡也十分重要。

万物皆有形，形态是多种多样的，同样，精神形态也是多样的，多样性是建筑、城市形态中共同的特征。这种多样性正是在宜居环境中所要研究的。形态具有多样性，物质和所反映出的形态更是多样的。人有喜怒哀乐，有动有静，有社会层次，有性别，有职称，它们之间的关系像万花筒一样，千奇百怪，无所不有，但也有类同。我们关注两种形态的关系时，一定要从时间、空间、性质和特点上去分析，将个性和共性区别开来。在这多彩的世界和多彩的人生中发挥我们的智慧和情感。建筑形态随着人们的生活、工作、休憩的需要而变化，更有甚者，随着技术的变化和进步而发生变化。人们说："建筑是凝固的音乐"，但是是相对的，也有说"建筑是历史的诗歌"。它们之间有融合、统筹、有机、对比等要求，建筑既是物质的凝固，又受情感如音乐、诗歌、美术、雕塑等影响，可以有更多的比喻。总之是人的建筑，在西方则是从"神"的建筑转化为"人"的建筑，而东方则从"皇帝"的建筑转化为大众的建筑。我们又要从"转化"上来下工夫。

精神形态在历史长河中是源源不断的，从地区而言，只能是传承、转化和创新。精神形态在人类历史上有开放和封闭，有动态和静态，它的行进是起伏的，螺旋形上升的，有时是周而复始，有时是O字形，即回到原来的原点上。我们分析和观察它，看到它对建筑和城市形态的影响。在城市与建筑形态的变化中，建筑的变化相对缓慢。形态之间又有相互影响，不同时间段相互交错，或动态、或有机、或滚动。由于现代的建筑发展相对比较迅速，各种相关形态都会有着对城市建筑形态的影响。从线形到非线形，两者也有共同表现，不论如何，内容是共同的，而表现的形式是多样的。形

图 1-6-1　古埃及卡纳克神庙

式可以独立出来相对自我地研究，又表现出建筑设计者的个性。学习历史上古今中外一切优秀建筑文化，使之成为我们自己的文化特色，这是我们所要做的。

　　作为创作者，创作意识也是可变化的。创作者早年的、中年的、晚年的，及其所受时代的影响，都处在变化中。从精神层次来分析，有层次性，在群体和个体中既有常态的意识，也有潜意识反映创作者的意识流。意识流有荒诞的，也有怪异的，在可能的条件下，可以超常规地发挥，那也是个别的。特别在当今网络和数字化技术高度发展，城市建筑形态及城市设计可以数字化、量化。科学的定性、定量、定位为我们科学的研究环境创造了十分有利的条件。

　　我年轻学习时看过斯大林的《论语言学中的马克思主义》，其中提到上层建筑不是语言的基础，他认为基础是社会在一定发展阶段上的经济制度，上层建筑指政治、法律、宗教、艺术、哲学等观点以及与这些观点相适应的政治、法律等制度。苏联革命成功意味着创立新的社会主义基础，建立同社会主义基础相适应的新的上层建筑，而俄语仍在沿用，新的道德以及技术的发展，只是增加了一批新的词语。我国在改革开放以来，经济、科技发展很快，我国国语，在解放前后仍然使用，只不过简化一些字体，增加一些新的词语，语言仍在沿用，为基础和上层建筑使用。

图 1-6-2　罗马的教堂、浴室

　　经济基础变更了，上层建筑也因之而更动。但作为建筑物，它是物质存在，城市各种设施，包括基础设施仍可使用，不但可以使用，且要发展、更新、适应，它可以为过去的统治者服务，而今天也可为人民所利用。正如我参观过的英国的电教馆，是由一座古老的公爵府改造的。我们的故宫何尝不是这样，这和语言有类同之处。生产力的发展，是为了建设更多更

图 1-6-3　中国庙前的求佛和烧香

好的建筑及其相关，为人民服务，不断满足日益增长的生产、工作等的社会需要。

建筑有自己的特点，除了供人们使用之外，还有坚固、美观的要求，有美的表现。它有从自己结构、材料、技术带出的"美"，内在的，或者外在的。它有自己组成的元素和符号，这些符号可以表现地区的传统性，也可以表现现代性，不同时代可以表现不同的风尚，表现创作者或群体的个性。

人类有天生的美学和审美特征。历史积淀了文化、科技、政治和经济，所以现代哲学中的意义学、符号学、类型学，其中有益部分可以为我们中国特色的社会主义服务，同时也可以为资本主义服务，只不过服务的人，阶级的人、阶层的人有差异而已。我们追求的是适用与功能（Use and Function），经济与技术（Economic and Technic），艺术和表现（Arts and Expression）三个原则和要素。

城镇的物质形态说明的是它所拥有的环境和空间，当今的节能减排、保护环境、保护历史都在其中。而精神空间有习俗的，有意念的，有虚拟地表达人们精神上的要求。二者互为补充，互相促成。一是主动的，一是反映的，都是人们行为心理的需求。

建筑师们要了解和掌握各种处理空间的手段和方法，以应对各种空间的设计。

自古以来，各时代都以物质空间来塑造精神空间，而精神空间给人们以空间感、心灵感受，满足审美和精神上的需求。在塑造精神空间的过程中光的利用、水的利用、家具摆设及许多的人为制造等，都要达到环境的氛围要求。

物质空间是人为的，精神空间是需求的。

物质空间是人造的，而精神空间是反映的，是过程的，是一种需求和满足。我们设计者还可以探讨如细部、装饰、装置和色彩、材料等等。

在历史的长河中宗教对精神形态起着十分重要的作用，在民族文化中同样也起着凝聚的作用。西方的教堂、东方的庙宇，所构筑的气氛、环境对人们的精神文化有着很大的影响。

1.7 城市构型
Urban Configuration

城市形态是一种物质与精神的组合，一种动态的形，是一种人们集聚的状态，是人们生活、工作、生存的状态。城市形态有物质空间、体形的一面，也有反映精神的一面，有规模、大小、性质，有发展，同时也有控制和保护的一面。从大范围的地区而言，城市形态受到自然条件即主要地形地貌（山地、滨水、丘陵、平原等）的影响，受到气候、自然灾害的影响，也受到历史的影响。城市的构型有成组、成团、串联、带状、封闭、开敞。从城市发展而言，有保留农耕地、水源、山林、矿区、资源等任务。具体到城市有布局，有交通道路的划分，有肌理，有组团。在城市设计中有开敞和封闭，有轴、核、群、架、皮，且尤为紧要。在单体中，单体的比例尺度、空间环境、节奏韵律、色彩、高度、立体轮廓线、界面、侧影等的组合，是一种构图、一种造型、一种融合和拼接，更是一种艺术表现。功能是基本的，表现是首要的，它们都受到政治、政策、经济技术的制约。

城市地区的构型和利用要考虑以下方面：

（1）区域的经济发展转型。

（2）重视耕地的保护。

（3）保护地区的农业、畜牧业等。

（4）保护与开发，有序地开发矿产资源。

（5）保护水源，重视开采资源的策划利用。

（6）制定利用、开采、保护的政策。

（7）组织地区的交通高速公路与地域的接轨，分清等级。

（8）供电供水系统。

（9）排污水、雨水及垃圾清洁处理措施。

（10）防洪的措施。

（11）系统的序列与综合的序列。

（12）总体规划的综合，制订大、中、小城镇和居民点、自然村的未来计划，配置输电供电系统与给水排水系统，综合地利用管线，使之有效利用。

（13）农业、畜牧业有计划地发展。

（14）水库、防洪堤的大区域的规划。

（15）用电点的分配，水分配，城市、农业分配，供水及预备水源的保护及使用控制。

（16）高压输电的电压的等级。

（17）快速通道、次级道路、高铁、地下交通等的道路规划。

（18）要考虑地区内的军事设施场地，如火箭发射场、坦克训练场、军用机场等。

地区的规划和组织构型要考虑以下几点：

（1）要把城与城，城与乡，城与大城市，城与镇相互之间组织串联。

（2）在有水面的地段应尽可能地滨水，要自然组织。在山地、坡地应顺其地形而组织道路。在小山丘，应像项链那样围绕而组织功能，使丘陵的绿色透入城市。城市的道路不宜采用两点之间架一线的做法。

（3）当高压线穿过时，要注意高压线对下面空间的影响，注意避开。

（4）高速干道的设计，尽量取直来做到交通便利，且避免造成驾驶疲劳。

（5）山地城市中，自然形成"之"字形道路和步行的台阶。要减轻视觉疲劳，就要解决好植物配置的空间组合，这至为重要。要构划大地景观（Earthscape），要更加生态化。在区域规划中，高铁、轻轨、军事用地、矿源用地、历史文化保护用地是必须保护和保留的。区域的策划更多的是土地使用上的分割，组织生态，组织山林、农田、水面和地形及重要的设施空间等诸关系。

城市形态的构型要考虑以下几点：

（1）首先是城市功能布局上的布置，独立设区抑或与后位区混合共组。

（2）规划道路骨架，如主干道、次干道及街区道路。规划者要考虑住宅建筑的布置，必须有建筑布置的知识。

（3）要进行绿色的生态规划，考虑到全球气候的变化。宜在中心地区加强绿色用地，犹如澳大利亚的墨尔本城市中心的公园，美国纽约的中央公园，今天更应注重增加绿色环境这一点。

（4）注重城市CBD的设计，使城市有活力，最重要的是加强中心区、商业和金融区的处理，并考虑停车场的问题。

（5）加强福利设施及基础设施的建设，要有策划、计划和规划，才能做好城市设计和建筑设计。设计城市正好比设计"小住宅"一样，居室是住宅区，客厅好比城市中心，楼梯走道好比交通道路，而厨房好比生产区，是一种扩而大之的构型。

关于城市设计，我曾提出"轴"、"核"、"群"、"架"、"皮"五要素，且各要素之间又相互渗透，即轴中有皮，核中有皮，相互作用，这样形成构图的整体。

在宏观、中观下，具体到建筑都有构型的原则，即尺度（建筑的尺度、环境的尺度）、比例和陪衬、节奏和韵律、感悟和灵感、平衡和均衡、色彩和质感等等。

构型是城市形态、建筑形态的重要组成部分，也成为宜居环境中的要求之一，是人的舒适、宜居、健康的要求。

1.8 城市形态的构成及其相关
The City Morphology and Its Related Issues

1.8.1 聚居
Human Settlement

集居之其意可理解为二，一是人居，二是人聚，后者内涵更宽一点。人类起始为了求生存，求生活，多居于洞穴，或搭棚。

开始是散落无序地依地而居，以家庭为单一体，不论母系社会抑或父系社会，均是以家庭为基本组合的社会个体（图1-8-1）。物质形态的组成即是要有通径，以路来联系从而到达水边或者他地，于是通径成为主要的条件，可以认为人类最早的活动是从住所到通径，人们寻求猎物、取水是最早的行为活动。

人们最早的驻地为穴上覆盖棚架，一幢小小的屋并未有序地组织，渐渐地人们懂得要有序地组合，使群体从无序到有序。是这样的一个过程，即由建造物进行一个方形或其他形式的围合整合而成。几何形的围合建筑群是有组织的一种进步，而方形可以有条理地布置，以此来寻求公共的活动，这有规律可循。古埃及尼罗河水的泛滥，淹没原有的耕地，于是发现了几何形的丈量，卡洪城的图形记载了最早以来城的形态。

方形、十字交叉、绿地形成组织整合土地的方法，扩而大之是城的塑形。

奴隶社会、封建社会、资本主义社会，其城市的形成在不同历史阶段有不同的特色和性质。封建社会是一个农耕社会，广大农民受到剥削，但是表现出封建帝制的强势，有的城市规模甚大，如西安、北京、南京等。都城的内部除了有皇帝及其亲属、大臣和服务人员，也有相应的高官和手工业者，他们支撑了大城市；各地则又分州、县，加上当地的地主，他们直接统治了全国。中国有五千年的历史文化，各民族文化的伦理道德有正面和负面的影响，在民主社会中，我们既要继承历史文化的优秀特点，又要注意反动腐朽的负面的影响。

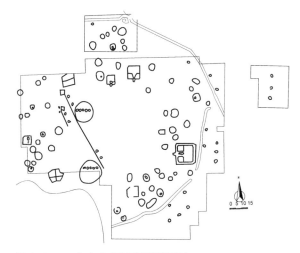

图1-8-1 东方人类早期的聚居地

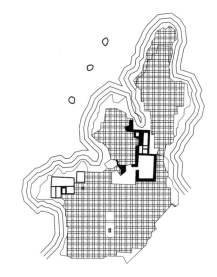

图1-8-2 西方早期城邦

从聚落到城市，各民族到国家都有深深的印记，在欧洲，则是城邦制，受到宗教的影响，政教合一到政教分开的各种城堡及形成的民族一直影响到今天（图1-8-2）。资本主义国家建立。两次世界大战，特别是第二次世界大战以后，民主独立席卷了全世界，通过革命，各个殖民地和半殖民地得到解放和独立。中国自1840年第一次鸦片战争后，沦为半殖民地半封建国家，如今在党的领导下，56个民族团结一致，不论在经济建设和文化建设上都有大的发展，屹立于世界建设、文化之林。

中华民族一路走来，始终是两条生态链联系到各种体制和制度，致使一种不同的形态出现。中华民族由黄河流域逐步迁移到长江流域直到全国，这是一条自然生态链。再是社会生态链，虽然经历奴隶社会和封建社会，直至今天有中国特色的社会主义社会，都有一种共同的国学道，由春秋战国诸子百家共同传承至今。这个链还在不断地传承，直到今天成为一种创新型的社会、学习型的社会，努力引导民众奋发向前。传统的伦理道德，强调人性，强调科学，强调求实创新和可持续发展，强调人杰地灵，讲究人和，讲究团结。我们民族经历了多少艰难困苦，前有列强的侵略，近有八年抗战，始终没有破坏人民团结这条"链"。

中国是这个世界上最大的发展中国家，又是世界四大历史文明古国之一，人口众多（世界上五个人中有一个中国人），可使用土地有限，某些资源也甚缺乏，加上还处在转型期间，有许多困难。世界经济正面临全球化，政治上多格局，加上某些大国战略东移，更多的困难受到我们的关注。在高科技上有些关键点与发达国家有几十年的差距。我们虽在经济上有大的发展，但发展还需要一个漫长的时间，需要全民的刻苦努力，奋发图强，以求得长期的安定。发展中要十分重视控制，在发展中控制，在控制中发展。我国要强调历史文化的保护，在保护中求发展，发挥国有文化的作用。

我们从封建经济到半殖民地半封建的经济直到解放后的计划经济，改革开放以来又进入市场经济，加入了世贸，这是一个很大的发展，也是一条产业链，它在经济上甚至政治上，牵动了国家经济命脉。从聚落、集居到民族到国家，直至今天的发展，我们要从今天的生态产业链来想问题。国家发展是不平衡的，我们在看到发展的同时也要看到还有许多困难。传承中华文明始终不能脱离历史，我们更要展望未来。

1.8.2 圈地（划地）
Enclosure

任何物质建设，都涉及土地，有了土地，从某种意义上说就有了一切。英法战争也是占领土地，打了百年的仗，女英雄贞德揭竿而起，打了胜仗，最后却被国王出卖了，被火烧而死，法国人民永远纪念这位女英雄。我国古代的井田制度，就是一种分田（分地）制，设想在九宫格内，中间土地为管理者所有，周围分给农户。民以食为天，也即农业生产为社会生存生活的基本条件。当前仍然在拍卖土地，房地产商以房地产开发来获得利润，于是房价一段时间内居高不下，政府以宏观调控来解决这一个问题。圈地是一种社会行为，封建社会靠圈地来剥削贫苦农民，历史上多次农民起义都是因为被剥削的农民无法生活，或因天灾，或因人祸。这种历史教训一直到清末的洪秀全、杨秀清的太平天国起义，震撼了清王朝。孙中山先生提出耕者有其田，又提出平均地权，都是关于用地的。半殖民地半封建的中国，在城市郊区和农村，土地大多为地主所拥有。

中国的革命从农村开始，即农村包围城市。农村是反动统治最薄弱的地区，经过五次围剿，革命根据地延安成为圣地，逐步发展至工农红军推倒了反动派。

新中国成立后，政府分田地给贫苦农民，进行土地改革。翻身农民得到土地，成立互助组又成立人民公社。1978 年，安徽凤阳小岗村 18 户农民的"大包干"，拉开了改革开放的序幕。随着农业企业的发展，大面积农业机械化，大面积地耕植，使农业得到连年的高产，从而又出现了农业小块地的"圈地"。城中村是城市扩展的产物，起始采用两套机制，再而从改造、改建到创新，如深圳和昆明就是典型。深圳是先行的实例，城市化水平已达到 100%，但又面临着城市旧区的改造任务。物质建筑和建设总是在地上进行，总是在行政管理中不断地动态地变动。不停顿地圈地，是经济增长最重要的环节之一。城乡的一体化和融合，都是在土地的发展和控制中进行的，这种圈地是现代城市的多功能的科学布置和达到节能减排的一种措施。同时人口在这块土地上流动，据估计我国 14 亿人口中有 2 亿人口在城乡土地上流动。

1.8.3 现状
Status Quo

不论过去的城镇，还是今日的城市、市镇、卫星城、大城市，各种性质的城市都有现状，这个现状包括工业区、仓库区、住宅区、公共建筑、基础设施等，都是现有的状况。现状是人们生活、工作、休憩、活动的地方。历史上的、过去的、现今的都给这块土地上留下深深的烙印，这是物质的，是活动的，也是精神的。规划城市、改造城市，使之成为一座宜居的城市都要研究城市的现状，看哪些满足人们的需要，还有哪些不足。研究好现状，才能判断这个城市的好坏和不足，判断哪些保留，哪些可以改善、更新、补充、再生和完善。

记得年轻时到北京规划委员会专家工作室学习，领导要我们调查城市现状，一调查就是一年半，那时还有一个现状工作室，我被分在东城区，涵盖城东北、东、东南一大片，我对公共建筑、工厂、住宅、道路宽度、胡同、防空用地等等都作了调查。当时并不理解，我想我是来学规划的，怎么天天在外调查，还要画出各种现状图，标明土地使用性质，建筑质量性质、层数、性质等。后来深深知道一切现状图都是有价值的，即经济价值、文化价值、历史价值，调研可以开拓思路。一年半的现状调查，使我懂得现状是规划、设计的基础，特别是基础设施，地上的、地下的，还有高压线及地下管网等都是城市的现状。1958 年版的北京城市规划草案就是这样出炉的。

"文化大革命"前为了调查住宅，我们一批同志选择了南京市的三个地段，每片 300 户，一片是解放初建设的住宅群，一片为南京当时有名的五老村，再就是城南的四合院。研究不同地段的差别，受到当地的老百姓的欢迎，特别是老人们非常欢迎我们。我深知当时的生活水平，即使同一户型，住房室内的家具布置，门、窗、桌、柜、床的位置都各有千秋，他们对我们的调查全开放，我们甚至对老人全天的活动也作了记录，今天看来这可谓是行为科学了。当时还组织学生调查了"商业文化建筑群的人流问题"，至今看来很有价值。

往后的五十余年里，在做建筑设计、城市规划时，我十分关注城市的现状，城市现状不只反映了城市的过去，涉及历史文化的保护，还包括城市的今天，它是活着、生动的，有生命的。例如南京城南是一片旧居，有许多有价值的住宅，但开发商和管理者为了利益，将之大片拆除，居民上告。我调查了每处被拆房屋，个别居民看到我来调查，竟下跪求我别拆。这使我有许多联想，有的城市确实在建设中"拆了建，建了不久又拆"。这种无形的浪费，对国家经济是一种损失，某种意义上是"拆了低碳建高碳"，也构成大气污染。我们要科学地研究城市，使之再生一定要慎之又慎。

城市基础设施中给排水管道，要留有足够的余地。2012年 7 月北京暴雨，下水道不通，大量汽车泡在水中，低洼地区有 77 人遇难，我国 60 余座城市中都出现水灾。城市的防洪防灾要摆在重要地位上。

城市的通勤很重要，它使城市成为一个"活"的城市。目前有的城市虽有了地铁、公交、高架桥，但仍然是个"堵城"，交通极不便利。有些城市虽采用单双号限车办法，但到了节日、假期照常拥堵不堪。我们的大城市从一环、二环，甚至到了六环，怎样研究规模、性质是一个大前提。城市与建筑一样，拆了建，建了又拆，是一种浪费，运转水平也因此而降低。

我们的城市有许多历史保护地段，如杭州市的良渚文化古城，称为天下第一古城，这个地区位于铁路交叉地段，理应有成片的绿化带，可个别领导却声称要"无缝对接"。以苏州为例，古城与工业园区应有相应的绿化带，可"无缝对接"失去了保护古城的作用和意义。我认为从地面上分析要"有缝对接"以保护古城，而地下管道的连接要无缝对接。当然以后的规划将何去何从，常常是失败的教训我们又重蹈覆辙，将何以处之！

我们讲现状，离不开自然的地形、地貌，包括地下溪流。江南乡镇，由于初期的开发，污染严重，如果是浅层的污染，有可能在一个时期内处理好，但深层污染就难解决了。湿地则更需要保护。但为了扩大建设，常常用推土机，使地貌造成不应有的损害。我国是一个多山的国家，传统的民居依势

而建，注重溪流，节约用水。优良传统我们要保留，要去研究历史的现状。

一切"现状"都在一个时期适应人们的需求，适应人们一个时期的生态。但社会的进步，科技、生产力的发展，不要以损害生态为代价。"人定胜天"，只能是一个部分，不能概括为全部，要顺应自然生态。城市中的废弃物排放，我们只能应用技术处理其中一部分，至今也不能处理全部。社会生态与自然生态的互动才能促进事物的发展和进步。我们的宜居环境也只能在各个时期的转型中克服复杂的矛盾，这样才能进步改善。宜居，绝不是一句空话，而是通过实践才能检验。

宜居是一种新的适应、新的改善。在复杂多变的环境中，我们要审时度势，抓住地区的主要矛盾，加以解决，因此我们的方法也会改变。我们已进入数字化技术和网络的时代，可以控制和预测，使之适应和匹配，使之达到理想境界。环境影响人，人们的能动性也改善了环境。从社会生态来分析，有贫富差距，有职业、工作性质的差别，有高低、有层次的不同，我们讲宜居不是空话，而是求实。对于自然气候的变化，我们需要适应、改善，达到人们理想的境界。

1.8.4 生长点
Growing Point

农业社会中（封建社会），城市的生长点，主要是农业生产，还有小手工业生产及商业，农业是为主导。半殖民地半封建社会城市的生长点则是帝国主义侵入的工业、商业、服务业及相关产业，如解放前的哈尔滨市，当时是东北的商贸城市，40% 为移民，有俄罗斯人、波兰人，办了一些工厂，如烟厂、酒厂等。东北三省是一个大粮仓，"那儿有森林煤矿，大豆高粱"。由于日本帝国主义长期占领，生民涂炭。现在东北三省已发展了大农业，即几个人耕种十万亩地，采用农机收割、小飞机施农药等现代的手段。半殖民地半封建的上海，是东方的大都市，殖民者在那儿设立租界。那儿有商埠、银行及宾馆，有高档的住所，但是穷人只能居住在低矮的平房。解放后经历了生产运动，清理整顿，破除了不平等的租界，一股革命风气进入上海，上海的制造业、机械业、电气工程、船舶码头及其他交通，特别在改革开放的 30 多年来有了巨大的发展，上海的金融中心也发展了。上海的经济生长点已经是以上海为核心，并和苏锡常联合起来，辐射至长三角，上海的产业影响到全国。上海也是科技文化中心，在本身发展的同时又发展了郊区郊县。改革开放以来，浦东新区的建立和发展带来了契机，成为重要的生长点。总之可以发展的经济都可以成为生长点，生长点是动态的，是可以相互平衡的，这种平衡是社会全民的需求。我们要十分重视它们之间的匹配，它们的连续性、可持续性，在产业结构的生长中，要有前瞻意识，做好充分的准备，培育新的转换点和增长点。

矿业枯竭型的城市，怎样置换新的产业是我们研究的重点，也即是转换点。我国的矿源产地，经历了几十年甚至百年的开采，已成为资源枯竭型城市，如淮南煤矿等地。城市转型、工业粗放型向集约型转换后，产生大量的下岗工人，加上生态遭到破坏，一时难以恢复，这就要另外寻找转型的格局。有的转型得好产生了好的效果，如山东枣庄，转为以台儿庄为先导的旅游业，有的转型是利用原有材料的研发型的转型，也得到了好的效果。所以要寻求转型的生长点，寻找可持续的新的转型，地方经济要从区域经济出发来做出考虑。

再生，某种意义上讲是一种深化的改革，是一种经济转型，是一个调整职业的过程。某种意义上也是一种继续教育，是改换人们生产生活的过程，是继续学习的一种手段。

任何事物的发生、发展都有广泛性及发展的临界状态。不然，什么事物都走向反面。我们可以从临界状态来分析，我们讲要"控制大城市，发展中小城市"，在开放的时刻又任其所为，值得深思。我们一面讲节能减排，另一面又发展私家车，虽然有节能的措施，但又把互相矛盾的对立面堆放在一起，这些矛盾亟须深入的探索。我们要科学地研究，寻求好的方法。

1.8.5 城镇化现象
Urbanization Phenomenon

城镇化在国外又称城市化，是指随着现代工业化的发展，人口开始集中，阶级严重分化的现象。英国著名小说 *How Green Was My Valley*（翡翠谷）就描写了西方国家城市化之初的情况，一边是矿主，另一边是贫苦工人，小说《雾都孤儿》也表现了当时工人的苦难。在我国广大农民开始进入城市，改革开放以来农民进入城市和乡镇，城镇化加速。城镇化表现为一种现象，一种过程，在新中国建国初期并未得到重视，但到"六五"计划时开始得到研究，我参加了其中的建设部题为《城镇化和小城镇技术政策》的研究，之后停顿了一段时间。20 世纪六七十年代上山下乡，使城市人口下降，还有当时的政治形势，使这个研究停滞了。

改革开放后，以经济建设为中心，全面开放引进外资，地方工业发展，及国企改革，这样全面的城镇化开始启动，形成了城镇化的现象。表现为：

（1）城市人口迅速增加，农民进城打工，如候鸟一样。春节后，大量工人同时奔向城市，到了冬季又集体回家，带回一年所得的收入。农村人口向城市涌进这是一大特点。

（2）城镇化，表现为城市用地向外扩展，乡镇企业的发展使农村人口逐步转换为城市人口，也即社会学家费孝通所说的"乡下人"转化为"城里人"的过程。

（3）由于人口增加，土地扩大，带来了城市基础设施的扩大。城市中有大量外来人口，有的城市临时户口达到一半以上，如广东的东莞、江苏的常熟等地，有的城市外来人口甚至超过本地人口。再加上城市扩张后产生的"城中村"，二元结构在一个时期同时并存，这就带来了户籍问题。

（4）区域的不同，造成了各地区发展的不平衡，有欠发达地区（在西部）、较发达地区和发达地区，这种不平衡性揭示了城镇化的进程不一样。从国家来看，沿海城市的开放后产生了发达地区，同时沿长江而上的大中城市也发展起来。大型基础设施如跨江大桥、快速干道的建立，使空间距离相对地缩小。内地和中部的大中城市由于自身的工业和引进的外资，也逐步地由内向外推进了城市化进程。城镇化是与地区的基础设施和信息化相结合的。

（5）城镇化与社会化是结合的。重点是医疗保障和住房改革，医疗要推向社区，使城市人人有医疗保障。目前正在被广泛关注的住房问题是人民生活的大问题。为使"居者有其屋"，先是福利分房，再是房改房、解困房。当前住房的保障建设，建设量较大，2011 年达 1000 万套，整体上改善了居民的住房条件。但近郊区建房造成居民交通不便，失去了原有的邻里关系，再有空置房多等亦常见报道。在建房过程中，房地产商的建房质量也存有问题。

快速的城市化带来了诸多矛盾，首先是污染严重，快速发展使我们国家走上了先污染后治理这条路。各条河流、湖泊都不同程度存在污染问题，大气污染亦加重，工业污染和汽车的废气排放，使城市少见阳光，城市中雾霾天气常见，于是蓝天工程成为我们的治理目标。快速城市化，带来了交通拥堵等诸多弊病，政府提出了"稳步前进"、健康城市的要求。城市中的污水处理，还有垃圾处理，在城市某些环节也是市政中的一大问题。在城市周边非法占用土地，再有排放有毒之水，污染源得不到控制，这种种时弊常有发生。我们讲实事求是也是从前进中取得经验和教训。

从总的发展战略上来讲发展是硬道理，因为国家的兴旺，总是从发展中来，于是开发西部，振兴东北、中部是为国策。

我们是一个发展中的大国，发展中产生了许多矛盾，如资源的保护、水源的保护、林木的保护，某种具体环节上也同时存在着。"保护"也是一条原则，人才的保护更是不可或缺。一个时期拔高了城镇化现象，提出"城市是原动力，是核裂变，可推动一切"。现今看来要稳步、安定，一步一个脚印，走中国特色的道路还是要摸着石子过河，探索、前进，走出前人没有走过的道路。

归结起来，城镇化要有中国自己的特色，工业化是基础，要与信息化密切结合，要与社会化结合，与日益增长的人民生活水平相匹配。在全球气候变化的环境下更要有生态化，与绿色建筑技术相结合，这才是求是的态度。

1.8.6 农业与城乡一体
Rural and Urban Integration

　　我国城市化率 2012 年统计已超过 50%，说明城市化率有大的提高，但城市化水平尚需进一步提高。

　　中国的城市化不同于西方的城市化，西方的城市化是在剥削的基础上，一边是富人大宅，一边是贫民窟。而中国是社会主义国家，走的是共同富裕的道路，农村的发展和进步推动了城市的发展，农民工进城，实际上是建设城市，所以他们是一体的，也是融合的。但是我们也有自己的矛盾，壮劳力入城，留下了妇女和老人，这成为一个时期的现象，农村成了"空巢老人"在管理。农民工进城后，他们的子女进了城里的学校，失去了务农的接班人。农村中的许多问题需要去处理、去管治，如垃圾问题、残疾人问题、丧失劳力问题、发展初期的工厂改造问题等。知名的江苏华西大队是个特例，它的劳力是靠周围的农民来参与。在旧观念的影响下它又盖起了高楼，实际上是宾馆，吸引游客，可谓一种异态的光芒。它吸引周围的农民，不过不是进城内了，而是进了华西村的工厂而已。

　　中央对农业十分重视，这样一个发展中大国有了粮食，心中就不慌了。可是也有诸多矛盾。中国的传统为姓氏社会、家族社会，有些地区即是当地望族来支配生产和经营，而那些边缘姓氏只能是弱势。农村的问题关键是干部问题，如上描述之外还有弄虚作假。如计划生育有谎报，户口人数有谎报，农业生产数字有谎报，总之相关的都有"水分"。我国是一个法治国家，除了发现问题和改善管理外，要提高农民的文化水平、政治水平，使之成为有文化的，懂科学的农民。城乡一体就是要建设一个安康的社会，治理好城市和乡村的一切事理。要求是：

　　（1）共同建设好区域的基础设施如桥梁通道等。

　　（2）共同建设好福利设施，农村要保留有农村的特色，因为城市和乡村有不同的风格，农村永远是农村，那种"消失农村"的论点是站不住脚的，是不完整的。

　　（3）保持良好的水源，有清洁的河水，有供应城乡的鸡鸭鱼系列食品，清除不卫生的饮食，保护粮食。

　　（4）有畅通城乡的运输通道，农民说"要致富先修路"，就是这个道理。

　　（5）进一步改变农村的面貌，发展清洁能源，如沼气、太阳能、风能等，治理好污水和垃圾，要因地制宜地发展各行各业。在畜牧区更要注重畜牧业，在林区要保护林业生产，这样我们才能建设城乡一体和融合安康的社会，走向小康之路。

1.8.7 宜居
Livable

宜居指适合居住的地方。

一般地说山地超过一定坡度就不宜建设，地质灾害地区、地震常发地区、台风和龙卷风等侵袭地段（风沙常袭地区）等也不宜建设。

宜居的城市，我认为首先要有绿色，在当今绿色很重要。在城市中心规划绿地，在城市郊区留存有绿地，如上海市在城郊规划有绿色保护地带，带形城市则分区段要有绿化带。

其次，要有洁净的水源，很小的城市要在水库附近使水水相通，保证水源的质量。

再次，有便捷的交通，托儿所、幼儿园能连续性地到达，距离上的"门槛"要合理，现代化城市的供气、通风要安全可靠，在干道边布置住宅要先设绿化带，防止噪音和尾气，并有治安措施。

宜居首先要有好的环境。

理想的城市应在中心区拥有绿色大公园，澳大利亚的墨尔本在中心区有大片绿地，人们可以步行穿越，获得新鲜的空气。

历史上有许多理想的城市设想，如田园城市、广田城市等都是一些实例，但由于政治经济体制得不到完整实施。

宜居是要感观、采光、通风等在实际生活、工作中都有良好的反映。在社会生活中重要的还有好的邻里关系，规划和设计都要注意这一点。进入老龄社会特别要注重这一关系，为此创造良好的交往空间，使中年人、青年人获得交流，更使老年人求得一种安慰。中国人的教育中强调孝道，现在都是独生子女，一对独生子女要赡养两对父母。而国外，特别在西方18岁以后独立生活，父母老了只能被送至疗养院。我们的保障体系应当是整体的，发扬优良的传统，尽孝道是一种美德。创造生活居住的条件，倡导良好的关系和加强邻里间的友谊使有特色的社会主义充满着爱。在我们的社会中对孤寡老人更要关注，要建设质量好的养老院。

现实生活中，经济运转，许多不良的问题时有产生，正好比"乌鸦与狐狸"的故事，狐狸为取得乌鸦口中的肉，百般心计，致使乌鸦难以控制，狐狸从而达到了目的。以钱为中心在社会的夹缝中有许多不良的影响。虽然我们有许多限定，但趋利的风气仍然存在。

我们讲的宜居是相对的，国家的规定、限定使我们可以获一种可靠的保证。当今贫富差距拉大，给国家政权造成一种影响。我们的社会管理制度应建立在公平、公正、透明的基础上，这是历来革命者追求的一种理想社会。

我们要重视人体工程学，使不同年龄的人在生存空间中都有科学的比例尺度，这是宜居环境必须具备的；我们要研究行为心理学，使行为心理在空间中也取得合理及相匹配的尺度；我们要扩大自身的知识面，在这知识爆炸的时代，没有比学习更重要的了，宜居环境的研究为我们提供更多学习的可能。

宜居环境是人们造就的，我们应从使一部分先富起来过渡到共同富裕，逐步减小被拉大的差距。

社会的习俗对宜居有相应的影响。传统的说法，南京人是为"大萝卜"，即浑厚、朴实，而杭州人是为"杭铁头"，即坚毅。历史上许多故事、神话都对我们的观念、形态有影响，我们要整体地去思考。随着时间的推移，所有这些记忆都会淡化，但还是会有印记的。

交通拥堵已成为常事，停车位不够致使城市拥挤，有的城市提出了有车位才能买车，有的则组织售号，说明发展中一定要控制，在控制中发展，不然种种矛盾的产生就难以把握，这也是不安定的因素。

通过以上叙述可见，宜居环境包含自然因素也有人为因素，需要解决好人与人的关系，创造共同认可的条件，我们要有共同的幸福观。

图 1-8-3　带形

1.8.8　形态的研究
The Form's Study

在规划和建筑中形态二字为共用词。城市形态英文用 Urban Form，Form 是一种态势，不是 Pattern 形式，Pattern 是不可变的，而 Form 是可变的动态的，是发展的，是有规律可循的。

形态总的指物质形态，万物有形，有形就有势态。各种物质构成都因形而得，城市形态、建筑形态、城市和建筑以至乡村涵盖在城乡形态之中。

如前所述，城市形态有传统的和现代的之分。现代城市形态以现代工业作为起点，引起农业人口向城市集中，而发生量和质的变化。

形态的形成受到诸力的影响，一种是现代的力，如城市的自我运转能力，原有产业的生长点，再就是工业、农业以及服务业生长点的力的作用。力的大小与量的变化，引起形态的变化，在一般城市中起关键作用的是工业及相关配套的服务业。

在形态变化中最大的看不见的要素是基础设施，区域的分布中大型基础设施，即水电气、交通、通讯等，起着控制和引导的作用。城市的形态与行政区划有关，有些城市为了扩展用地，常有并县、并乡、并村的措施，都因形态的变化而定。

形态是可以变化的，开始怎样，后来变化怎样，我们要从中找出规律性的东西。城市形态的变化其一是城市由内向外发展，如小县城，从十字巷头，由十字的道路向外延伸；江南水乡，城市依山为轴，沿着山水横向发展，然后呈方形向外延伸。

其次，城市形态的变化是沿着城市的基础设施而延伸的，说明现代城市的发展既利用城市的基础设施，如道路、地下管网等，且又可以控制。所以基础设施是关键的。

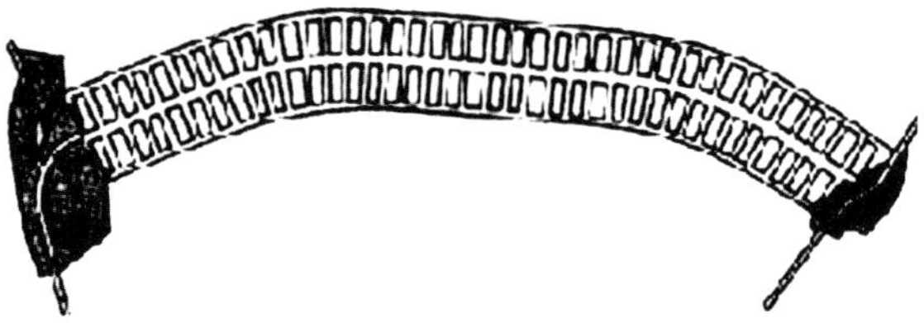

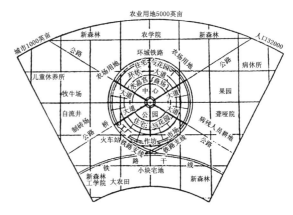

图 1-8-4　理想的城市模式

图 1-8-5　田园城市

第三，城市的新陈代谢也是一种形态中内部的改变现象，其特点是城市从旧区代谢中不断持续，但城市建设中不宜见缝插针地盖房子，而要科学地插入绿色，争取建设可持续的城市。

第四，城市的生长点是相关、相互联系的，形态的变迁和行政区划的调整也有关系。

第五，城市空间形态也在变化，一般由低到高，由城市向城市郊区的结合部发展，反过来再到中心区进行改造、更新，这是矛盾的统一。

城市的空间形态包括城市和建筑的第五立面，它们总处在一个立体空间，城市的轮廓线（Silhouette）也就出现了。于是我们可以把城市的形态划分成轴、核、群、架、皮来处理。

"轴"是城市的控制轴，是一种虚拟也是一种实际。它可以是城市中某一河流、某条道路。可以有某一主轴和其他次轴，它是一种精神上的轴，是为 Axis。

"核"指中心，城市的中心区在特大城市可以有几个，也有随着城市的发展在移动的，南京的发展中心由三山街到新街口，到鼓楼，再到山西路，都在逐步移动和活动。在美国称城市中心为 Down town，即商业、文化中心。城市中心有行政中心、文化中心和商贸中心，或称 CBD。

城市由许多群体组成，有工厂群、商埠群、港口群、住宅区（社区、分区等）、中心区等，它们又为街道所包围。"群"的设计十分重要，有四周包围街道的群的设计，也有沿干道的群的设计。

再是"架"，犹如人的骨架。一般以道路为骨架，使形态形成支撑，其中有林荫道、干道、支路及不同断面的道路。

城市建筑所组成的"面"，即"皮"，包括街道的界面、人为界面、它们的立面或侧立面，它们是建筑物表现形象的重要方面。建筑是一种体块艺术，所有质感、色彩都从体块面上表现出来。我们组织建筑与建筑群规划设计要注重技法和技巧。

世上万物皆有形态，特别是城市形态和建筑形态。人是有认知的人群，有职业的人群，有不同年龄、种族。人们居住的地方，其形态、风格是有差异的，人们的价值观也都有差异，宜居的形态是一种有组织的空间，有使用价值、经济价值，且具有宜居的要求，它有技术科技的要求，同时也有审美的要求，其形态又有达到实施的要求。

1.8.9 人口控制
Population Control

城市化进程中人口的迁移是不可避免的。人们经过培训、学习，由不熟练变成熟练的工人，成为产业工人的一个组成部分，这就要求城市增加福利设施、基础设施，还有一个关键问题就是"户籍"问题。靠近城区的农民变成失地农民，城中村由二元结构逐步转化为一元结构，这需要一个过程。有的发达地区人们在城镇上班，在农村居住，往返于村镇与农村之间。城乡人口转化时农村人口与城市人口都要控制，这是我们要研究的问题。处理好二者之间的关系，对于人口合理分布，促进城乡一体、城乡融合有重要意义。当今有的地区经济开始发展起来，农民可以就近就业，而远离城市的工业的就业又将如何？所以合理有组织地分配，形成一种有领导的互动机制，显得很重要。

1）人口控制

我国在1970年代实行计划生育，控制人口的增长，协调了人口增长与社会的关系，取得了卓越的成绩，有效地控制人口过快的增长，并实现人口增长的低出生率、低死亡率，有力地促进了社会主义物质文明和精神文明的建设。但由于社会、经济、文化及习俗的诸多影响，人口的控制在农业落后地区还有大的阻力，怎样宣传和普及计划生育的观念，使政策成为广大群众的自觉行为和活动，科学地调节人口，促进协调的可持续发展，我们需要探求新的机制，这会有更新的意义。

我们已阐述了农民工进城的诸多问题和矛盾，以及种种需要解决的问题。基于国情有计划地生育，推动社会经济发展的良性循环。

（1）我们的问题，人口控制关键在于转变生育观念。通过事实的教育，特别是对农村的教育，提高广大人民计划生育的认识水平。

（2）依靠《中华人民共和国人口与计划生育法》等法律法规，采取法治手段来保证人口控制的社会化。

（3）要充分利用社会舆论宣传的导向作用，树立公民的道德观念，创造良好的社会氛围。通过各种相应的团体事业单位来宣传。

2）人口的迁移与搬动

2011年第六次全国人口普查统计我国人口为13.7亿人，北京为1961.2万人，天津为1293.8万人，上海市为2301.9万人，是直辖市人口最多的，江苏省为7866万人，广东省为1.04亿人，河南省为9402.3万人，山东省为9579.3万人。这些地方人口众多，江苏省用地相对较小，上海为最大的特大城市，这样我们可以了解一个大概的数字。

人口的转移是转向特大城市、大城市、中小城市或小城镇，城市是一个"蓄水库"，还是大小"水库"串联起来。改革开放的初期，城市化速度较快，城镇人口迅速增加，这种快速发展带来了一系列的城市病，以及农民工往何处去等诸多矛盾，引起大家的关注。而今天立足世界经济发展的全局，又从我国实际出发，中央提出了"稳步、前进"的策略。我们从特大城市来作剖析，人口的摆动、迁移、增长与城市的经济发展有直接的关系，农业人口的迁移与城市人口控制要处理好以下几个方面的关系。

首先是城市化进程中对农民采取的措施及农民的意愿之间的关系。改革开放之初，给农民分田户，提高了农民的积极性，但这种发展是有限度的，国家掌握了农民的土地。在苏南村镇办企业，几年的放宽政策成就了苏南模式，城市工业发展，民营企业创立并向国家银行小额贷款，其结果是农民的土地被收购，成为"收购者的土地"，其中靠近城市的成为房地产。农民意愿和国家进程中的措施之间形成矛盾。

其次是大城市郊区扩散人口、农业人口的集聚与城市中心人口的扩散之间的关系。以上海为例，中心城市人口高度密集，而郊区人口要逐步转向周围城镇。随着经济的发展，人口新的摆动迁移产生了，二者相互促进。扩散是随着工业搬迁而扩散，集聚则是村镇工业就近靠近城市大工业，形成配套。集聚是吸取剩余劳动力，而扩散本身也要吸取一批农业工人。二者的关系，政府要组织协调，形成聚和散、上和下相融合的办法。再有集中力量建卫星城，国家要投相当一笔资金，又要从中产生新的产业和配套产业，这是一个时间段的问题。这时我们应当注意乡镇的集聚和稳定，因为稳定才能得到最大利益。

再次，解决商贸流通是相对稳定的重要措施，所以一些商贸应分层次地、有计划地摆布，从需求上解决供求的种种矛盾，这样城市的发展可以合理，可以蓄大量的"水"，而乡镇可以成为一个个小小的"水库"。

最后，协调城乡发展一体化。农村的土地被拨出去了，可以由更有专业知识的人来经营，但农民要走向小康，值得进一步研究。在机械化高产的地区，只要几个农业工人就可以管理成百亩的土地，如东北的黑龙江，而原有农民又将何去何从？我们讲共同致富，怎样有差别地共同致富是值得研究的。目前国家对农民已采取宽松的政策，怎样提高农民的素质和水平就摆在我们面前。

改革开放之初，国家放开政策，让务工人员进城，给城市的发展带来了改观。不论个体户还是当时的集体户，在城市兴办"三产"是我国大城市的普遍现象，也是一个趋势。虽然产生诸多城市病，如加大城市基础设施建设，为农民工办学，农民工的住房福利、治病等等困难，但促进了经济总量的增长。这种趋势从世界范围来看，1900 年全世界超过百万人口的特大城市仅 11 个，1950 年增加到 71 个，1980 年增加到 234 个，1900—1975 年百万人口的城市由 11 个增加到 181 个，增加 16.5 倍，而同期 10 万人口的城市由 302 个增加到 1966 个，仅增加 6.5 倍。1920 年代到 1950 年代的资料，全世界 500 万以上人口的城市，人口年平均递增 4.9%，

100万以上人口的城市，人口年平均递增3.7%，10万人口以上的城市，人口年平均递增2.9%，总的趋势是不变的。一股不可遏止的力量在促进大城市的发展。增长的势头使大城市有更多的效益，城市中有大的高水平的医院、图书馆、影剧院等，且分工门类细，人才汇集，思想学术交流也更多。

大城市的发展有其阶段性，起步阶段人口增加并不快，尔后，进入发展时期，人口增长较快，当进入高级阶段，城市规模迅速加大，同时也对中小城市造成影响。所以要研究制宜的措施。

从上述进程中争取严格控制，人口的发展与经济发展要相匹配，这要看是否有利于城市的生活水平，再有不同类型的大城市应秉持分类指导的原则。因各城市的自然条件不一，如前述有的省人口众多，所以要区别对待。从国情出发，具体研究中国各城市人口的控制问题，再有不同类型的人口应区别对待，还要把人口的布局和控制合理结合起来，我们在研究人口控制时，要注重与产业结构结合起来，如产业循环经济的发展、绿色产业的发展以及旅游业的发展。

对于人口的控制，应在全国范围内加强计划生育的管理，各地区又要分发展阶段，做出不同的处理，有时配合产业转型，始终从全局出发，达到一种平衡状况。在贫困地区，国家采取措施。我国高铁和城市轻轨大力发展，在近郊作出布局，使大城市的拥挤减缓，我们要关心。特大城市的反城市化，拥挤的城市中心区人口向郊区流动，我们也要重视。总之控制是基本的，适度是必要的，分地区、分类作出相应的措施也是需要的。

1.8.10 转型
Transformation

转型是一种主动寻求变化的过程，是一种创新的过程。改革开放以来，我国的经济体制由计划经济转向市场经济，这是一个大范围的动态变化，是一种战略转移（Transition）。对企业而言，是寻求经济的增长点，使企业获得新的增长。这种转型出于企业本身的原因，也出于外在需求。总之企业寻求生产、增强活动、做好重组，为对市场格局的变化及发展赢得新路径。

改革开放初期，引进外资，加上地方办企业，城市经济有很快的发展，沿海14个城市的开放、深圳特区的设置都促进了国家经济快速增长。之后振兴东北，开发西部，经济战略有了总的布置，各种经济体，国有、民营企业都需要整合和重组。快速发展带来了人口的快速集中和摆动，怎样由粗放型向集约型发展，怎样提高品质，适应国内外经济发展的需要，这又是个调整和整合的大问题。

我们有不少资源型城市，缺少研发的预期，有些矿业城市出现了资源枯竭，据统计有百来个，怎样持续发展是当前需要考虑的问题。有的城市在研究其资源相关的研发，有的转型为旅游业，如台儿庄和山东的枣庄。虽然全球经济危机，但我们以发展生产为基础，如建设高速干道、高铁等交通事业，我们在经济上仍是平稳前进的。西部开发取得了成功，大型基础设施的建设，如三峡水库以及南水北调工程，缓解了各地区水矛盾，加上城乡一体、城乡融合的调整政策，使人们的生活水平得到进一步的提高，奔小康的努力得到稳步前进和落实。农村的提升实质是乡镇的现代化。

转型的研究是全局性的，是观念性的，更是政策性的。

转型最重要的是产业的转型，第一产业是指农、林、牧、渔，第二产业是为工业，包括采掘、制造、水的生产和供应、电力、燃气、建筑业等，再即是第三产业，为流通和服务业，又有四个层次：（1）流通部门包括交通运输、邮电通信、商业、饮食、物资供销和仓储等；（2）生产和生活服务部门包括金融、保险、地质普查、房地产、公用事业、居民服务、旅游、咨询售后服务和各类技术服务等；（3）提高科学文化水平和居民素质的服务部门，包括教育、文化、广播、电视、科学研究、卫生、体育和社会福利事业；（4）社会公共需要的服务部门，包括国家机关、党政机关、社会团体及军队和警察等等。

产业的转型有其层次性。

首先是企业内讲究成本，讲究规模经济；

其次是投入产出及中间运转过程，寻求合理的变化，合理的比例关系；

再就是以经济活动的阶段为根据，形成产业结构。

最终产业转型就是要有创意产业，建设一批创意产业基地，科技园区，包括创意产业园，推进一批创意型行业的起步，同时也产生一批相当的人才，在国内外赢得广泛信誉，并产生集聚效应。可见转型是过程，而创新是目的，达到全面小康社会，转型是全面的、整体的。

1.8.11 消费空间
Consumption Space

空间有使用功能空间，有积极空间和消极空间，有审美的意境空间。只有当空间有经济价值时才能有消费空间，我们不能说中山陵是消费空间，也不能说雨花台烈士陵园是消费空间，更不能说侵华日军南京大屠杀遇难同胞纪念馆是消费空间，但它们是精神空间。城市可以有居住空间、工业空间、仓库空间，而公共空间仅在供人们消费时才是消费空间，中山陵前的商店、餐饮、停车，是消费空间。侵华日军南京大屠杀遇难同胞纪念馆是供人们怀念、纪念的，是积极的教育用地空间，而为它服务的附近的商埠是消费空间。国庆期间，纪念馆人流大增，一天 87 000 人，下班还关不了门，这是教育的积极空间。

20 世纪初，西方发达国家步入消费社会。消费不仅是一个经济行为，且具有经济、社会、文化、科技等多种含义，同时也成为拉动社会生产的主要动力，是为"三产"的重要组成部分。它是一种群体和个人的自我行为活动，休闲、文化艺术、信息网络等都和消费要素有紧密的关系。它与城市产生了密切的关系，对城市形态的演进产生了深刻的影响。城市居民的消费化促进了生产的发展，又制约了生产的发展，与城市的生产发展是相辅相成的。特别在全球化经济条件下组织消费空间，扩大消费，尤其是居民消费，培育消费热点，拓展消费空间，是后工业时代重要的"三产"和支撑点。

消费空间有多种多样，有时尚的消费，当某一商店成为市场的时尚，它的消费价值就会提升。在某城市开交易会，定期的不定期的都会引起消费量的增加，如灯火节，供观赏成为其节日的特色，消费也会随之增加。消费内容等常常在转化，即将非消费转化为消费。消费有特色，有季节，有转换，所以在消费上要有弹性。

消费空间，它所占土地、空间，是城市形态中的一个重要部分。有工业空间中的消费，也有交通枢纽中的消费，有一种涵盖其内的消费，最重要的是商贸中心，且是分层次分等级的。再有消费与非消费之间混杂，所在形态中有其混沌和模糊部分，我们在规划设计时要重视这一点，这好比居住区中有工业生产。还有一种情况，介于消费空间和非消费空间之间，如博物馆、会展中心等等。

在大城市和特大城市中的交通枢纽中心，也是消费空间的集聚地，如地铁、公共交通的交汇地，商贸的集聚地。在国外有的把超市设在城市的周边地段，设置大量的小汽车停放地，人们购货后开车回到家中，把食品放入冰箱，等待时日再去，这也是一种边缘化的现象。我们十分注重消费和不必要的浪费，前者利民便民，后者造成耗能、污染，我们组织空间时要特别注意到这一点。

从城市发展史来看，在国外先是城堡和城市出入口成为交换的地方，之后，城市发展，商业中心超过行政中心和教堂为主的宗教中心，有时两者结合，成为广场，一种混合，到了后来，城市中心的 Downtown 就成为商贸中心，甚至行政中心和商贸中心分开。价值不同了，区位也就不同了。城市的特色和消费又与城市的首位度有关，如浙江杭州，周围许多人到市内来买房，用小汽车开入城内，它不只是本城市的，且是一个地区的。美国的佛罗里达的一个城市名叫 Lakeland，人口仅5000人，但到了感恩节，上万辆车开进城市周围的停车场，有什么办法来分析其消费空间呢？世界事物的发展常常是一种交融，即在同一天上午人们来集市，而下午又各奔自己的居所。我们一定要分析城市，把握其性质和距离，通勤的步行距离和车行的距离，交汇点，绝不可以一概而论，一切事物不能说死，说死了就不辩证，总的来说还要分析自然条件、地貌、地形。

消费空间有相对固定的，也有相对灵活的、富有弹性的、模糊的，即在同一建筑中消费和非消费同存、共生。我们规划设计者要将之落实到建筑群和单体空间中去。

我们经常讲"延发"或"孵化"，这也是一个再生的道理，使城市的发展有大的活力。但城市不可能什么都有活力，而是要有休憩、安静的地方，有清洁的空气，有绿树成荫，有界线分明，也有模糊不清，有从模糊到界线清晰，也有从清晰的界线走向模糊，总之是动态的。有的空间形态变得快，有的变得慢，有人为因素，也有自然因素，总之要观察找出规律性的东西。

城市有生长点，发生发展，更新改造和再生，消费空间没有这一过程吗？它的空间位移值得我们去研究。

市场社会中消费空间有的有序，也有的无序，是有序和无序互相套换。

我们说"三产"，第一产业是农业，是我们生活的根。我国有近14亿人口，粮食是根本，农业劳动始终是最重要的。"三农"问题，每年我们国家都把"三农"问题放在首位，

它的转型，寻求现代化的生产，寻求农民环境的改善和结构的组织。"二产"是工业，要提升工业生产的品质，以工业来取代，基本工业和高精度工业同时向前，提高国防能力。而"三产"服务业含消费空间，是为了提升整个产业化的水平。我们的任务是：

（1）把消费空间作为城市形态中的有机组成，以提高整个产业的对接且常态化；

（2）十分重视消费空间的城市设计和规划工作，使之有序，注重其通勤、交通，并注意通勤的距离、停车位、步行系统；

（3）消费空间要着力研究空间的识别性、连续性，不宜建过多高层，注重低碳耗能，对住宅群的设计要有序形成组团，有地段的特色，设计是个关键；

（4）要把城市和农村消费空间一体考虑，组织其空间规划设计；

（5）注重消费空间的诱发点、生长点、改造和更新再生，并融入再生产过程；

（6）关心消费空间与国家、地方的结合，并注重相关节日的事件，如灯火节、元宵节、端午节、国庆节等；

（7）某种意义上消费也是文化组成部分，一切文化系统要考虑其相关部分，各地要打造特色文化，由旅游带动消费。

——参考韩晶博士论文《基于城市设计视觉的城市消费空间的研究》。

1.8.12 历史保护
Historic Protection

我在 1978 年到英国考察，参观了一座古城名曰"切斯特"。它位于英格兰西北部大切斯特，这座小城是公元前罗马入侵后而发展来的。小城后侧为保护城，四周均为空地，为了保护它，距城墙外几百米都没有建筑，仅有一个开口可以通车。墙不高，可以登上。城内建筑大多是双层木结构的店面房，二层经营，其中也有后来的住宅。一幢住宅倾斜了，好像要倒下，导游说内有钢架支撑。城内有小小的市政厅、教堂，各时期所建风格不同，清晰可见，可以看到历史的演变。1980 年，我在《建筑师》杂志第一期上发表了关于这个小城的文章，至今还可以完整地查到，其中还有我画的钢笔画。也许这是一篇我国最早的有关保护历史城市和群体的文章。之后我参观和考察过上海龙华及福建省政府门前宋代的古庙（后修缮），在环境保护上甚是可惜。我深知文物的保护不只是其本身且是它的环境、视觉。不由得我想到，南京紫金山麓有座徐达墓（明开国大将），墓是保留了，但其周围建起成片的住宅群，再也没有历史的氛围。

历史是人类发展的过程，是层层脚印，遗址更是具体的实证，告知历史上人们的活动、生产和生活，起着教育的作用。历史遗产保护同样也是我们科研的对象，包括保护方法和措施。它是一门科学研究，在建筑领域中是重要门类。

遗产保护有单幢建筑的保护，也有群组的保护，如历史名城、名镇。中国古建筑与西方的古建筑不大一样。中国是以木结构为主，如年久失修，人们再去使用，就要换梁换柱，而国外则可以在原有遗址上重建。1964 年我参观俄罗斯几个名城，当地主人就介绍给我那一段是什么时代，或哪一个塔楼重建过，哪部分被毁了。石料也有腐蚀，也要用化学剂来保护处理，所以保护的手段也是一门学问、专门的研究，意大利是遗产众多的国家，有专门的研究机构和学习的资料。

遗产保护有不同的观点，有的说"原汁原味地保护"，有的说"还要使用，改造利用"，更有的认为"拆旧再生"或"拆旧更新"，这都是不同的观点，例如苏州历史古城，它有 2500 年的历史，保留有宋代城市的道路肌理，但是有填河建路，特别是城南一带。怎样才是所谓全面保护？城市经济还要发展，人还要居住工作，一些工业、手工业作坊要迁移，城市基础设施要改善，给水、污水排放、消防通道必须要打通，居民生活要继续，怎能"原汁原味"？修缮、改进、更新，适当增加容积率，做到既保护又改善居民的生活条件，这一切都是我们要考虑的。再加上各大小地块土地有偿使用，政府可以出资，但必经过规划，有计划、有序地进行。又如苏州知名的"周庄"、"同里"、"黎里"古镇，引进车辆很自然地损失保护的价值，反之居民的生活又改善不了，人们常常陷入两难的境地。在意大利威尼斯是知名的水城，为了旅游的需要，常要在周围建新房，而原有的沿水的民居要改善而迁移，当水上涨时又有水淹等问题。相比较苏州古城的保护肌理、改善、更新和再生而言各有各自的做法。威尼斯被称为欧洲的一颗明珠，而苏州被称为东方的威尼斯，所以要从理论上整体地综合研究，要建立自己的体系。

古建筑、古建筑群是一个景观，在旅游上有相当的价值，有的是人们怀古、学习的地方。南京的古城墙，明朝初建立，是为世界最大的城墙，经历风雨、战争的沧桑。城墙的自然、人工的破坏要得到修补，但现今已不可能用当年的砖，当时城墙砖都是各地进贡。城墙长30公里，有真有假，且难以完整地衔接起来，幸而保留一段颇有价值的，即中山门往北至紫金山段，最为壮观，高约22米，真是气势雄伟，使人们望而生畏。南京的中华门，可谓世界上最大的城门，三道城门，又可藏兵，在世界上实属罕见和壮观（图1-8-6）。我们的保护要有规划，要有城市设计，更要有控制，中华门上站上了"假的兵岗"，实属虚假，现被拆除。有的城门楼，当年被毁现在又修补，但一座发展的城市又将如何？城市要保护，又要发展使用，我们要科学地处理，也要建立相应的体系。保护的研究已成为发展中的理论和实践的研究。现代的社会要发展，观念在改变，使之处在一个新的境地。我想管理者、建筑师、规划师，要慎重又大胆地做好保护与建设工程，这是难能的。苏州盘门景区、山塘街的保护改善都得到人们的肯定。在时代的价值观下进行适时而匹配的工作，我们要建设符合中国实际的建筑。

通过大量实证性案例系统的整合，遗产保护改变传统经验方法，让保护的措施、规划走在保护之前，使之有一种前瞻性的研究。

事实看来，城市要发展，保护要进行，使二者成为一种良性的互动，且有相对一致的认识和切实可行的措施。

当今科技的发展、数字化技术的应用，使遗产保护达到相应的科学性，

图1-8-6　南京中华门

为理性保护规划设计和管理奠定科学的基础，并逐步建立中国重要建筑遗产的数字信息库，我们有可能达到这一点。但关键是人们的认识，特别是管理者的认识，我们已有前车之鉴，拆城墙，拆古民居，像推土机推土一样把那些有价值的民居推平，而今又何以得之？我们把洗澡盆中的脏水倒掉，连小孩子也倒掉，岂不可笑。正好比在城市中砍树，市长不以为然，儿童都在系绿丝带，连三尺儿童懂的事，却被管理者盲目行为。过去的教训是不会白走的。

我国是一个古老的国家，大部分城市都要发展和改造、更新。一对对矛盾放在我们面前，如：

（1）城市发展和历史文化遗产的物质形态的保护；

（2）保护原址和异地新建；

（3）原地拆迁和新建；

（4）基础设施建设与历史街坊的保护；

（5）数字化技术的运营与科学的分析及其规划设计；

（6）保护中的"原汁原味"与风貌的关系；

（7）全民和领导者的认识水平；

（8）拆除街区和历史记忆等。

我们还要进行研究，如：

（1）绿色技术与遗产保护的科学性的研究，防止污染；

（2）断代的勘测和历史文物的整理和保存的研究——作为基础资料，而整体系统化；

（3）城市与建筑遗产的理论研究；

（4）建筑遗产及其退化肌理的实验研究；

（5）建筑和城市遗产保护的绿色途径研究，如修缮技术，保护和科普，老工业区的转型与更新的再发展，历史街区保护中的适应性市政工程体系；

（6）遗产保护的数字化方法研究。

历史古城的遗存要从量向形态来研究。它的存在及消失，它的保护要建立在自然的侵蚀和战争的破坏上，做跨学科的整体研究。

保护是一种动态的研究。区分物质和非物质，我们有动态的发展观念，对一种"仿古"现象做出研究，是一种复兴，抑或是一种"转化"，抑或是一种"创新"。仿古是否混淆了"真"古和"假"古，混淆空间的记忆，是一种多元化还是"复古"，仿古是一种"十字口"。南京的1912民国文化街区是一种地区的新建筑（图1-8-7）。

图 1-8-7　南京 1912 民国文化街区

1.8.13 城市中心
Urban Center

城市中心有几种含义，一是行政中心，即政府机构，一是文化中心，再是商贸中心，称 CBD。其中最活跃的是商贸中心，它又分为区市级和区级。

这一节我们着重探讨商贸中心，即 CBD，英文 Central Business District，其定义为城市中商业和商务活动集中的主要地区。CBD 可谓一个城市、一个区域的中枢，它高度集中了城市的经济、科技和文化的力量，具备金融（银行）、贸易、服务、展览、咨询等多种功能，并组织以完善的交通（如地铁、道路的汇集中心），世界上最出名的城市 CBD，有美国纽约的曼哈顿、英国伦敦的金融城、法国巴黎的德方斯、东京的新宿、香港的中环和尖沙咀，上海则是外滩和陆家嘴。美国、加拿大等称这样的繁华地区为 Down town，日本、韩国称为"都心"，或称为"繁华街"。一般都在这个地区建设豪华的银行、商贸办公楼，有的在地下还有通道，并与附近的地铁等密切联系。在特大城市，有时会有两个中心，互相补充。由于 CBD 的位置重要，因而拥有标志性建筑，即高大且在视觉上也多引起关注的城市的地标。CBD 占地面积一般在 3~5 平方公里，且地价十分高昂。在这里建筑密度也相对高，这一区段的写字楼约占总建筑面积的 50%，商业、贸易、服务、住宿约占 40%，其他配套约占 10%。

由于我国经济的快速发展和提升，各特大城市对 CBD 的规划开始做出研究，这些城市有北京、上海、广州、重庆、南昌、南京、苏州、武汉、杭州、哈尔滨、郑州、青岛等。

在实际的情况下，CBD 的建设有两种途径。一种是在原有地区已开发的商贸中心加以扩展、发展和提升。另一种则是平地新建，如深圳，包括从规划设计到规划综合管理和一系列的组织，它在我国 CBD 中有典型意义。上海的朝阳区、陆家嘴地带则在扩大。在其中有的由于区位及政治文化、商贸作用，又可作为国际化大都市，如深圳、北京、香港等城市。

世界性大都市如巴黎、东京、上海、香港的中心区，已成为城市的代名词。城市的 CBD 由于它的研发可能产生一个副中心。深圳的中心区为福田区，有点相当于纽约的曼哈顿，这一带高楼林立。当今为求得某种绿色技术，应宜与大绿地、绿色地带相沟通，具有生态的要求。CBD 在一个大城市中可按一级、二级、三级的要求布置。

CBD 要具有区域的最高的中心性（Centrality），其货物和各种服务是最高水平和档次。

CBD 有最好的可达性（Accessibility）和相对的集中，且内部和外部有密切的联系，且有良好的停车场，各高楼之间有良好的地下通道。

CBD 的土地价值、价格最高，拥有大公园、经济服务部分等，零售为最好。在人的活动部分最好有步行区，相应安排绿地，使在繁华中仍有宁静之处。

在此引用深圳 CBD 的形成，它随着城市的发展而发展，有策划、有计划、有规划设计而形成，是为一种典型的代表。作者观察其形成过程。

深圳的 CBD 是深圳发展的一个有意义的事件，它从宝安县的一个农村小镇快速发展和演变成现代化特大城市的经济中心，1979 年到 2010 年深圳市人口从 31 万人增长到 1035 万人，GDP 从 1.9 亿元人民币上升到 9510 亿元，城市建设用地面积从 3 平方公里扩大到 740 平方公里，特区的土地也从最初的 327.5 平方公里扩大到 740 平方公里，基本上形成新技术、金融、物流、文化等四大支柱产业，是为世界城市发展史上的奇迹。它先是创业在罗湖，次是创业在福田，它得益于超前的经济发展和超前的规划，及相应的基础设施的配套。这是 30 多年的变迁。这个变迁是经济发展的变迁，产业发展的变迁，是科技的、文化的也是城市的。

1）进程

深圳的 CBD，是有组织、有计划和规划的快速实践，不像有的省会城市在实践中常常为许多不可预见的因素而建设。如在南京建设江苏省人民银行中，不知税务总局建在哪儿，更不知邮政大楼建在哪儿，而是适时适地根据各系统的计划而兴建的。深圳则不同。

1980—1988 年构思酝酿深圳中心区，在这期间进行概念规划及土地征收。这是深圳起步建设的创业阶段。政府建设的重点在罗湖区，而福田区是一个希望，政府为福田区制定概念规划，创造好条件，打下基础。先是接受香港的制造业，发展劳动密集型加工制造业，及相匹配的商贸服务业，迅速完成一次、二次、三次产业的转型，产业比例从 1978 年的 37.0：20.5：42.5 到 1990 年的 4.1：44.8：51.1，从前工业社会迈入工业社会初期，这时市场对商业办公建筑面积需求有限。1980—1982 年规划酝酿福田中心区。1979 年前的宝安县以农业、渔业经济为主，土地结构是"自给型"，农业经济、少量的县办企业，机械化程度低。1978 年城镇面积仅 3 平方公里，人口 2.3 万人，住宅面积为 29 万平方米，平房为主，无基础设施也无路灯，仅有 6 条宽不足 10 米且高低不平的道路，除广九铁路通过外，交通不发达。深圳市 1979 年设计，其起步从罗湖、蛇口开始（注：交通为先），1978 年规划到 2000 年发展到 10.6 平方公里，人口 10 万人的小城市。1979 年又规划为 35 平方公里，都设在老城区周围，人口为 30 万人（注：可以利用原有的设施）。1980 年 8 月成为经济特区，特区规划从一张白纸开始，可以认为是从基地上开发出来。1980 年对土地实行改革，变无偿无期使用为有偿有期使用制度，为城市基础设施建设和开发等筹集了基建资金，一定程度上强化了国家作为土地所有者的权益，拉开了房地产改革的帷幕（注：用土地拍卖取得的资金来养活城市建设，一直延续至今）。可见发展建设的三个条件一是铁路，二是利用原有的设施，三是筹划资金，最后国家给予政策，四者缺一不可。

1980 年开始规划福田区，1981 年港商协议合作开发福田新市区 30 平方公里，当时《深圳经济区土地管理暂行规定》中规定所有企业、事业用地必须缴纳土地使用费，奠定了特区的房地产市场的基础。再有国有企业组成房地产公司，由他们与国内外投资者合作进行房屋产业开发，一种波浪式的发展，使城市建设快速进行（注：这是引进来，筑巢引凤）。再一种方式是出租土地给外商开发，这大大吸引了外商，单 1981 年就批准了 900 多项此类投资，投资总额 80 亿港元，房地产投资 37 亿港元及工业交通 10 亿港元，旅游 8 亿港元。而大财团与特区签订意向书拟承包大块土地进行整片土地的开发。1981 年总规划确定深圳组团式的城市结构，又拟定了《深圳经济特区社会经济发展规划大纲》，其中提出了福田区的市中心设在福田区，1982 年明确中心区位、商业金融和行政中心，规定一切立足于现代化，使各行各业交通便利、土地充足和风景优美。也请香港专家提出了有用的意见，在规划中除山丘水面外可用土地仅有 110 平方公里。由于外商的投资大，在规划中把各区均以绿地来隔离，并组织干道和放射道路，用轻轨的方式来组织交通。1983—1985 年间，框架构思成福田区的中心区规划，1985 年经专家的多次讨论研究完成特区的总体规划和交通道路规划，这时既有总体规划，也有中心区规划，福田区被确定为新的行政商业、金融、贸易及密集的工业中心。1986—1988 年征收了中心土地，预留了发展空间（注：这就是我们提出的"留出空间，组织空间，创造空间"的提法）。这样 CBD 的规划已经形成。1989—1995 年确定了详细规划。在这基础上组织中心区的方案设计，形成了有中心轴的城市设计理念。规划设计采用基本对称的方式，从北到南定向组织机动车分道系统，并结合自行车和步行通道，采用一种现代的人性化的理念，由内向外是圈层式地向外推进。内层为商业服务业及城市重要公共设施的专用地，中层为混合用地，外层为居住用地。中轴绿轴呈放射形并与若干广场结合，与莲花山相呼应。进入到 1990 年福田区大规模征地拆迁，即对福田区农村集体所有土地依法进行拆迁，至此确定 CBD 位置和规划大体布局。

2）实施

实施实际上是一个建设过程，1994 年年底深圳完成了总规纲要，于是第一代商务楼开始启动，用地面积 1 万平方米，总建筑面积 15 万平方米。实施中道路基础设施先行。1989 年开始了中心区前期的规划探索，1992 年完成 85%，完成市政道路工程建设，也完成城市设计的地段的国际咨询。上述的程序是有预见性的科学发展，提倡了我国城市规划和设计的有计划、有序的建设。基础设施做了"七通一平"的设计，实施中相互关联。正如法国亨利·勒菲弗《空间与政治》一书中所写："在商业生产和空间生产之间存在着一种辩证法。

作为历史的产物，物质规划、财政规划和时空规划中，空间是一个集中的场所。"1996—2004 年深圳市功能定位快速提升，产业第二次转型，这阶段中心区公共建筑和文化建筑的建设是最集中的，由于交通活动的加快，筹划铁路建设。

深圳的 CBD 的形成有以下条件和机遇：

（1）地处近香港，香港是世界级的商贸中心，它是一个自由大港，物流、货流交往遍及世界各地；

（2）国家将深圳列为第一批开放城市，且给城市特殊政策，改革开放的机遇、时机十分重要，邓小平同志南方谈话改革开放起了积极的作用；

（3）铁路、航空、快速交通、动车由深圳通广州，再加上有京广线，对外交通是极有利条件；

（4）深圳的发展与城市中心 CBD 的发展分不开，中心区的征地、有偿使用土地带来了资金，香港企业的投资办厂也给建设带来契机；

（5）深圳的开放是为全国的重点，国内各大设计院、技术人才纷纷到深圳设点，带来了先进的科技，促进了发展，形成 一个有规划的 CBD。

市中心的行政中心、文化中心的形成有不同情况，有的城市利用原有建筑，如南京市的党政机关，而后再建行政中心，即党政、人大、政协办公大楼。杭州则在西湖一角建政府大楼，过了若干年又建新的政府机构。在一些城市如淮北，则在博物馆对面新建，有建在一幢大楼中的，有的则分开建

设。我们在河南许昌则用庭院式的建筑来建设市政府，使干部们有好的宜居和办公条件。由于城市的发展，许多政府为带动开发新建市政府，企图带动当地的生气。我们利用不同交通工程来策划建立一个中心区的范围，在控制范围中， 首先要组织好中心区的位置，各功能建筑的空间距离，再组织其交通的出勤，使各种活动能快速通达。

现代许多大城市、特大城市，包括中等城市都兴建城市的新区，又称开发区、科技园区等。这些发展区都在统一领导下，各自又有自己的规划单位，而原有城市规划管理只是起着管理指导作用。于是开发区又有各自的中心和中心规划设计。这些中心是有规划、有设计、有程序的。苏州金鸡湖，位于苏州工业园区，城市中心区向东的一条干道通向苏州工业园区，金鸡湖西的中心地段设置商业娱乐设施、旅馆、银行等，环境优美（图 1-8-8）。郑州的新中心区，由日本建筑师黑川纪章设计。黑川纪章在这里组织一个圆形的环，环的一侧建立高层区，另一侧为低层商贸。这个圆与原来城市肌理完全格格不入，且环形路上可识别性的中间水面，又是缺水之地，在国内颇受争议。杭州新区称将西湖时代变为钱江时代，在钱江边开发，一边为大剧院，一边为会议中心，意为太阳和月亮，也有不同看法，总体上均衡，但拆迁颇多，为时代产物。南京河西开发，地处低洼地，已基本建成，拟建政府大楼和大剧院，与城市通达，群体控制有序，是为一个好例子。大连开发区中心，因处于山丘地带，分区特殊，

图 1-8-8　苏州工业园区

图 1-8-9　大连开发区中心

形成自身的群体（图 1-8-9）。

　　组织这些中心，要考虑中心路边的环路和步行活动，一般步行速度 4~10 千米 / 时，自行车为 17 千米 / 时，城市公交速度 40 千米 / 时，不超过 70 千米 / 时，而有建地铁可能的则地铁速度为 60 千米 / 时，总之要达到人车分流。所有中心设置停车车位及足够的面积是为紧要。

　　而群组的规划设计，是宜为"轴"、"核"、"群"、"架"、"皮"来组织，重视设计手法和区间的交通组织，使城市之间有机联系，使之成为整体。

　　城市的发展，城市化的推进，城市用地的扩大，产生了许多城中村，在深圳、昆明及各大城市都有产生。城中村的住者与城市中生活的其他人其实形成了二元结构。城中村随着城市的发展才逐步融入城市。昆明市的城中村改造在国内是不多见的，2008 年 2 月拉开帷幕，在那时推进速度快，项目集中，从 2008 年到 2010 年完成了 149 个城中村的改造。城中村的改造逐步开展得到广大市民的支持和肯定，但在改造过程中也存在一些问题，比如项目拆迁多，土地交易少，项目在一个时期开工少，实现安置也少，规划方案调整多，规划方案同质性明显，容积率过高，开发强度大，缺乏整体统筹，而采用单个项目平衡，少数项目操作不规范等，需要引起重视，因时因地加以解决。这些也是各个城市的城中村改造过程的老大难问题。也有定性的，如大连发展区，保留了一些农业产品，形成都市农业：农家生产、农业休憩、农家乐，很快融入了城市发展区。城中村是一个城市化发展时期的矛盾。又如南京河西的开发，同样碰到了拆迁问题，政府民政系统给农民一些钱，但重要的是农民怎样再就业，农民需要进行培训，有了一定的技能才能融入社会。问题不仅在于起始的拆，也在于后续的教育。

在深圳也有一大批城中村，10 年前是二元结构，但随着城市的发展，二次拆迁，政府给以优惠政策，开发商也有利可图，国家建立了保障房给原住民居住，其中一部分人吃老本，一部分外出就业。政府又有一部分土地用以开发和发展。当然深圳还有相当一部分城中村，有两种意见，一种继续改造，也有一部分作为保留，而在城中村中改建极不合理的，其他保留现状。各地的情况不太相同，城中村在一个历史时期，仍是我们需要探索和研究的。

1.8.14 行为心理
Behavior Psychology

我们的住宅、公共建筑及服务等建筑都要适应每个人的个性，个性又要服从于社会分工的需要。在约定下自由，相对有时稳定，但我们的一举一动与约定是有差别的，约束部队的训练，就是要行动一致，一种是个性，再一种是约束的规范行为。这是社会的行为和个人的行为之差别。著名的心理学家弗洛伊德的潜意识即点出了通常情况下人的意识和潜意识、下意识之间的关系，所以说人皆有个性。我们研究人群中各种职业、各人的年龄段，他们认识不同，有差别，从个性中走出来。人的活动包括他的动作、姿势，都会有差别，人走路的姿态各不相同。有条件的刺激和无条件的刺激，最后还原到他本人。

人的行为受到教育的影响，如家庭教育、学校教育、社会教育，最终是社会教育。高尔基没有上过学，而社会是他的大学，他的三部曲，《童年》《在人间》《我的大学》感人至深。好的教育最后还取决于他的本质——品质和素质。岳飞从小受到母亲的教育，精忠报国。华罗庚自学成才，受到社会教育且自我奋斗。孔子曰："三人行，必有我师。"所以说谦逊很重要。

信仰有宗教信仰和政治信仰以及各行各业的信仰。宗教信仰在人类进步史上起着十分重要的作用，不论佛教、基督教，起始都是为人们解脱痛苦。基督受到叛徒的出卖，被敌人钉在"十字架"而死；佛教的始祖是贵族出身，为了普度众生而献身，他们教人行善，因为他们看到这罪恶的世界而要拯救苍生。新教的改革家，捷克的胡斯也不惜被烧死在广场上（捷克老广场有他的雕像）。爱国是基本的，许许多多的革命烈士，为了未来而献身，他们英勇就义，永垂不朽。我们信仰马克思主义及其发展，当然要忠诚。"International就一定要实现"。过去有忠孝仁爱、礼仪谦虚，而今是毛泽东思想，毫不利己、专门利人。多少英雄烈士为我们树立榜样，还有一批人士的行为也可以作为我们的楷模。

社会环境也激发我们的各种行为动作，人言"近朱者赤，近墨者黑"，又说"人杰地灵"，这都说明环境的影响。学校的环境，父母、老师、亲朋好友都为我们的行为带来了影响或很大影响。居里夫人，我们虽未见过她，但她刻苦的精神，为追求真理可以献身、为事业而奋斗的精神，影响着我们。我们说志气从哪儿来，来自环境的影响和教育。人们有爱心、决心、耐心、信心，千里之行始于足下。到了老年，老骥伏枥，志在千里。我们从小受教育要"好好学习，天天向上"，勤奋、努力是我们的本分。有正面的也有反面的，社会也有罪恶的一面，叛国、出卖同志者有之，欺上瞒下者有之，弄虚作假者有之，追逐名利者有之，金钱为上者有之。社会的各种职责、事业都产生特定的行为，军人以服从为天职，下级服从上级，但最终以评判真理为标准。在封建社会、资本主义社会，统治者以剥削为能事，剥削人们，残害百姓，一人在上，万人在下，贪得无厌。南宋的宰相秦桧诬陷忠诚的岳飞，被人唾弃，历史是公正的，一时人们得不到认识，但是随着历史发展，终被人们所认识。而今，我们要改变过去那种君君臣臣，忠孝为上的状况，一切为人民服务，使老有所养，幼有所依。激励人们为社会的进步、民主而努力。

市场经济的转型，促进了社会的发展，但劳动的活动，又被一些人认为"以钱为中心"。有钱可以背弃朋友，可以出卖亲人，毫无诚信，他们以钱为目的。也有的官员，买官卖官，不择手段向上爬，弄虚作假，房地产开发本是件好事，但地产商追求高额利润，超出了诚信的要求，又和为官者结合，给人们带来了灾害。当官要为民，要学习，要创新，但有些官员高高在上，不理解民众的疾苦，熟视无睹，他们对专业常常指手画脚。所以政治改革，加快民主进程，不可避免。事物都有两面性，有正义也有非正义，有善良也有邪恶，有谦逊也有高傲，有进步也有后退。面对当前的环境，我们就要向上求进。

在空间距离上，人说"亲密无间"，即指社会，人与人之间的行为关系，又云"牢不可破"，即指国与国之间的关系。但事与愿违，有时却反目成仇。人要讲道德，国与国之间更要讲道义，这样世界才能和平。

人的行为离不开阶级，离不开阶层，离不开人性的共性，更离不开个性。人的个性是可以改变的，早期、中期、晚期，都可以变化，不足为怪，放在同一人身上可以有功有过，三七开，二八开。人无完人，金无足赤。

人的性格有两面性，有正也有反，相互矛盾。看正确的是否克服错误的。个性是可以改变的，一个人受过教育，或受过挫折，他的后半生、晚年可以改变他的立场。清朝末代皇帝溥仪，就是一个例子，他的前半生是反动的。历史也一定会公正地评价一个人。人在复杂矛盾的社会环境里，要不犯错误很难，但知错必改，完全做到也很难。还有"面子"，做到表里一致可难矣。

人不可以自封，自封者与群众架空，是一件坏事，特别是居于领导地位者。一定要讲自我也要跳出自我，站在社会公正的立场上。

人之情感，深情、疏离，是一种精神的联系。父母之情，朋友之情，恋人之情，情之深。从礼仪上、情感上又会出现诸多动作。历史上刘备、关羽、张飞三结义，"不求同年同月同日生，但求同年同月同日死"。关公失荆州，刘备被火烧连营七百里，其结局就是如此。人不可以心血来潮，要深思而后行。有的行为有公的一面，也有私的一面。有的人讲的是为公，但因公徇私，这是不可取的。表现在生活中各种状态都会有，甚至像万花筒里的面面观。我们讲行为心理受到各方面的影响，我们在工作中其实有诸多缺点，但要很快克服，在前进的道路上，一定要追求理想，为着我们可爱的中国会更加壮大、繁荣而奋斗。

我再举两个例子，一个是当我们去参加大会，上千人坐在那里，下午连续开会很自然也会坐在原来的位置上。这是一种潜意识的认定。再有20多年前，我研究建筑群，写了一篇《商业文化建筑群的人流问题》，我组织了20个学生在电影院门前做观察，每人观看1平方米范围的人流活动，在开场前10分钟、5分钟、3分钟、1分钟到散场，可以画出一条曲线呈"W"形，说明了人在看电影前的环境心理行为。其实这是一种行为心理的测试。环境行为对人的心理有重要作用。

气候和温度的高低，也会影响人的行为，北方寒冷地带，有冻土，室外温度零下多少度，除在室内取暖外，人们很少到户外活动。同时在温带，室外的广场成为城市的"客厅"。热带则在干旱的小四合院中间的水池边围坐纳凉。

心理治疗又是一种治疗手段，对人体而言，它可针对心理障碍使人得到医治。也产生行为医生，进行心理指导，是一种针对精神不健康者的治疗办法。神经系统总是与人的感官如视觉、触觉等有关，是为心理的因素。心理和生理也密切关系，所以研究环境，也是研究心理如何适应生活和人的态度。

心理学是社会学中的一个组成部分。人类最大量的行为是通过模仿、示范的途径进行的。如学自行车，绝大多数人先观察别人如何骑车，向别人去学习一些要领，然后自己进行模仿、练习。构成人们模仿对象的范围极其多样，不仅有别人的行为，而且有书籍、电视、图画、情境等。总之一切信息载体都可能被观察，成为被模仿行为的来源，模仿学习是人类学习的主要途径。学习要注意四个具体过程：一是知觉过程或观察过程；其次是保持过程，即把观察得到的信息进行编码并储存在记忆中的活动；三是运动再现过程，通过知觉的动作组合再现被模仿的行为；四是动机确立过程，这是一项模仿实际实行与否的判别因素，这一过程会影响前面三种过程。多数有目的的模仿行为都需要某种动机力量的支持。观察记忆和重视，如果没有动机推动的支持，都有可能不发生。当然也有无意识模仿的情况，这种模仿统统是零散的、随机的，且往往不具备明显的意义。

模仿要注意过程和记忆过程并存，是一种行为，这要有一个强化作用。如儿童观看电视上的攻击行为，那么受影响的儿童可能"替代强化"，但如果电视上这种攻击受到制止，儿童就不表现出模仿行为。然而不论如何，都会在儿童中得到了记忆。电视上的做好事、坏事都要有正确的回应，会使人得到好的记忆和坏的记忆。

心理学上有动机、注意、自我意识的概念。自我意识，就是说行为心理过程，即刺激—动机—注意—自我意识。感觉、知觉可以主动进行，也可能是被动的。一切活动都是客观事物的反映。可以认为驱动（权宜）—现象—刺激—自我感觉反映行为动作。

行为心理是人们的意识，是主动自觉进行的、有目的的、有计划的行为动作，是一种意向，表现为意向的主动。行为反映到人和人们的行动，是一个完整过程。

在人居环境中强调邻里关系和和谐社会，但近年又有许多不能令人满意的地方。现在的住宅像鸽子笼一样，上不知，下不知，不相往来。我们要改变这种状况，从建筑设计环境中为之创造条件，在住区设置公共活动场、交流场和休憩娱乐的地方，这是一种科学的条件。

每个人不论是行走或是坐着，总需要一块自我的小空间，这就形成一种小的以人为主的空间泡，或称空间体。如一个人坐着，当另一个不认识的人坐在旁边或一端时，他就会改变姿势。如果两个人认识，会坐得靠近一点，而换上不认识的人，距离就会远一点，不然这个人会感到他的领域被侵犯了。自我的场让人感到一种占有感，是自己可以独立活动的地方。当然在同一块地方是自己的亲人或是一般朋友，则表现会有差异。中国古代是一个集权国家，皇帝要求其臣下服从他，有层次，分阶级，在建筑上皇宫要求独一无二，所以北京故宫、太和殿、中和殿及保和殿尺度大，而大门要矮一点，以显示其皇权及其层次，午门高大对称呈"П"形，有一种威严、压抑甚至恐惧之感。东西城的住宅群要求从属于它，权力的行为和高低在整个城市中都表现出来。而西方人，历史上是讲科学的，除了信奉神庙，强调了自身城市建筑空间的分散、自由。罗马帝国是个强大的奴隶制国家，政府的野心、扩张的野心，决定了它体量的宏大，以标榜其帝国伟大的实力。原生态的人讲求一种人体尺度，而集权下则有许多权力象征的广场和宫殿。

行为心理对建筑的影响中有接近—回避的原则。当我们进入餐厅后，总是找与人有距离而又不被注意的地方，总是靠近窗子以看到窗外景色，人们喜欢保持自己活动的宁静，一种观街的状态。再就是"亲密—疏远"的原则，保持自己潜在的范围（约30厘米），以及与对方的合适距离（约1米），而社会交往交谈则在1~3米，陌生人则约4~5米，因不知对方是什么人，而又不知其来干什么，想与之对话又有点"防范"。

40年前，我要求指导的毕业生了解人在街道上的行为，人们总是依靠着墙面行走，表现了一种依附性，如观察苏州北面小广场，人总是走距离近而有物体的路，如树、桌子、凳子。而橱窗的玻璃要求连续，不宜中断，可以看到窗中的展品，表现为一种连续性，拐角处则可以延伸到内院。英国城市设计师吉伯德在《城镇设计》一书就提到了这一点。这就是环境依托原则，人们在广场上总要找个可以依托的地方来观赏，最好可以观赏全景。当然也有防范意识，防止发生什么事，而转角处最为安全，世界上最著名的广场，如圣马可广场及西诺利亚广场，都在转角上，以求有更多的观景，更多的空间深度。

建筑空间与行为心理是不可分的，这是以人为本的具体的体现。人体工程中要求人的尺度与空间的尺度相匹配，这样才是适宜的空间，可以提高工作效率，反之过大而空旷，小则拥挤，都不适宜。让人进入合适的空间也体现人与人的相互尊重。人际距离的尊重，是环境心理、生理的基本要求。有的设计师追求外形的奇特，往往在室内某些地方造成极不合理的尖角，使人感到扭曲。公共空间高度宜为 4~4.5 米，居室宜 3.6~3.9 米，再小就有点压抑，走道上有管网相通，有时通道仅高 2.2 米。方向感与朝向感也有很大关系。在写字桌上最好有左侧的光线，不然就要有人工采光了。

考虑到建筑设计中的人的心理、行为因素，首先要关注自身的人体功能，在心理上个人总要和人保持距离，所以人的尺寸要包含自身周围的尺度和尺寸。但建筑不仅如此，要有更大的空间适合于它。我看过许多宾馆的大堂，过大了，使宾客不知所措；人要有私密性（有时是若干人），即使这样人们也会感到他与群的关系。前者有碍于经营，而重新分割却带来了盈利。人看空间行为是一个空间过程，是社会的空间过程。个人的空间包含了接触范围，这是一种依靠性。行为与年龄相关，青年、中年有独立的个人行为，而老年则要有人依托。希腊神话里讲的有个动物幼年是四只脚，中年是两只脚，而老年是三只脚，这是一个行为的描述。

在宜居整体建筑学的研究中，行为心理是十分重要的。

1.9 城市形态答析
Answers and Analysis about the Urban Form

▲问：30年前您写了一篇《城市的形态》，启动了国内建筑学和城市规划内的城市形态研究，30年过去了，中国的城市发生了巨大变化,您对这30年的城市形态研究如何评价？对目前有什么评价？

答：这30年来我未停止过研究，由于以经济建设为主，改革开放大大加快了城市化进程，城市形态动态地变化。首先是地域的变化，从发达地区到次发达地区，从中国大地东北振兴，沿海14座城市开放，到西部开发，各大城市、中心城市、小城镇都有大的变化。产业的发展是原动力，"二、三产业"起了重要作用，这样城乡一体融合。人口的迁移到农民工进城，城市化率达到50%多，大面积的基础设施建设到城市内的基础设施建设急不可待。相应的土地扩大，变成土地有偿使用。房地厂商的开发，增加了城市收入，加上以经济建设为中心，更带来了观念的变化。从物质形态到精神形态，国家从计划经济到市场经济，形成中国特色。新一轮转型启动，经济生产从粗犷型走向集约型，品位提升，大家走上奔小康之路。城乡结合部的城中村也发生很大变化。改造、更新、改善、再生，都促进物质和精神的提升。这都促使中国大地上城市的形态产生新的更新和变化。加上科技、文化的发展，大大不同于过去的研究和设想。虽然研究城市形态的内容没变，但量和质都大大地与原来的设想不同。再加上计算机的发展、网络和数字化的研究，城市形态研究达到一个新的高度。在理论上和方法上都有大的提升。

事物有正面也有反面，诸多城市病产生，如城市中贫富差距拉大，污染严重，大量的拆建产生高碳，高楼林立，建筑的寿命缩短，拆了建，建了拆，住宅建好后的空管房也有相当的数量。所以研究城市形态有更深、更新的内容，而相对的城市化只是社会发展过程中的一种现象，即使城市化达到相当的比例，我们仍然可研究高层次的城市形态及其演化。

▲问：城市形态的研究主要分为地理式的城市形态研究、建筑学式的城市形态研究、科学式的城市形态研究和社会学式的城市形态研究，您怎样看待这四类研究？

答：城市形态的研究是多学科的交叉。地理界的研究，偏于地区的城市体系、城市的首位度，研究城市的中心地学说的变化，是城市的门槛理论，这用于不同性质、规模中去分析，它研究形态更多的是地区的平面、地区的资源，是一种描述。建筑学式的研究，着重于空间形态，致力于形态的动态的变化，和它内在的规律，如由内向外、新陈代谢、沿基础设施发展、生长点相互吸引、动态的要素变化等。社会学着重研究城市的社会变化，着重于层次中各相关的研究，研究城市中的社会变化、性质，经济社会的变化。科学式地研究城市形态，强调综合，讲究学科之间的交叉、动态的发展，强调地区、层次、各种活动，强调时代所反映的一切特征。

▲问：您对城市形态如何定义，构成它的要素是哪些？

答：指人口集聚的特点，它在用地上的范围、性质、特点，空间持续，历史的演化，城市的容积，人口的密度，地理的自然特征，社会、政治、经济、文化、科技的特点。它是地区中的城市，关注地区中城市之间的关系。它的发展应有临界状况，要合理利用土地、资源、尊重地区的习俗，它以发展、达到宜居环境为要求。它构成的要素是产业、居住、工作场所、休憩场所、绿地、城乡融合，并与生态结合。

▲问：您认为存在好的城市形态和坏的城市形态，如果有那么好的形态，它们都有些什么特征？

答：城市形态中，城市居民最重要的，也是关键的，是"宜居"，在国土上有不少不适宜居的地方，如水面、湿地、高山、矿区、无人岛等等。城市化过程中一般都选择宜居之地，而那些不宜居的要经过改造，才可逐步成为合适居住的地带、地区和地段。现今有不少矿源枯竭型城市，要转型，要改造，使之适宜于工作和居住。我们需要改善和改进。

▲问：您认为城市形态分析对城市规划和建筑设计有怎样的意义，您在设计中怎样应用？

答：我把形态学分为四个层次，即：

城市化与城市形态；

城市形态与城市规划；

城市规划与城市设计；

城市设计与建筑设计。

所以建筑设计、城市设计是城市形态的组成部分，所以设计时我十分重视城市的形态、历史和现状，它的区位和地段，当然也十分关心它的基础设施。我们研究其生长点及其与群体的关系，注重其高度和性质、建筑的风格，及其在城市街道中的界面线和轮廓线，Outline，建筑与树木的关系及其与道路的关系，地面的铺设、色彩、色泽。建筑是城市中的一个细胞，当然要成为"活"的细胞，一个良性的、优秀的细胞。它是独立的，亦是与群体相匹配和融合的，一切都是和谐的，并使技术上可行，经济上节约。美观而大方的形态可以是宏观的，也可以是中观的，因为建筑这个"细节"决定一切。建筑有公共、居住、工业、办公、休憩等各种不同的性质，都是形态的组成部分。城市是一种加法，也是一种减法，更是一种修补、拼贴。反过来城市形态的形状 Pattern、Style，也影响建筑的设计，它们是相互的，互补的。

▲问：西方城市形态理论注重概念体系的建构，如城市边缘地带、轮廓线、城市肌理、基础等等。您认为这些在城市形态中怎样应用？

答：我在研究城市形态时，建立了城市轴、核、群、架、皮的概念、原则和要素，这个理论在我的《城市建筑》中有过论述。

"轴"是 Axis，城市中均有有形无形的轴，它串联整个城市；"核"是 Core，即文化中心，金融中心 CBD；"群"是 Group，指群体、工业、住居、仓库、公共建筑组合成群，成为城市中重要组成部分；"架"，构架是 Structure，它是城市的骨架，如城市的干道、支干道和住宅区的支路，与人体的血脉相似，支撑了整个城市；"皮"是 Skin，城市街道的连续面，即城市的外轮廓线。

▲问：您的有关著作和文献，对城市形态研究与法国的城市形态有一定的可比性，比如都认为社会、政治的变迁对城市形态演变有着重要的作用，您认为社会学的思考对城市形态的研究有怎样的意义？

答：我对国外的城市形态的研究甚少，但我认为城市形态的演化似有两股力。一种是经济发展促使形态的变化，政治变更、体制形制也有很大的作用，最终是对人的态度的变化。人类从阶级社会中走出来，求得一种大同、天人合一、可持续发展，自然要求宜居，要求有相对的平衡。政治又带动社会的经济，它的意识形态反映到经济基础上来，于是有物质形态和精神形态，二者互为作用。有时精神形态的作用大于物质形态，因为政府的决策影响一个时期的城市形态的变化。所以有两股力，一种是科技发展经济建设的"力"，再一种是政治的"力"，即权力中心，不同城市都会有，也促使城市各个层次的发展，都对城市形态的变化起了作用。我们是个权力型国家，推动的力是多方面的，当然具体问题又要作具体分析。社会学是研究社会诸多矛盾的，费孝通教授在世时我曾与他一起研究小城镇的发展，观察、分析社会的经济发展的动向，研究社会的诸多矛盾。

对于与发达国家城市形态的比较问题，发达国家城市化率达80%以上，有的达90%，国家的首位城市人口密度过多、过大，逆城市化现象比较严重，贫富差距大，高层过于集中，造成的污染也甚严重，城市和乡村的差距大，有许多值得我们今天思考的地方，应当尽可能地避免不利因素。

▲问：您常说懂得规划的建筑师，也是懂得建筑设计的规划师，规划和建筑是两种不同的尺度，您认为城市形态分析对于衔接这两种尺度有什么影响？

答：我曾说过"一个建筑师"不懂规划就不是完整的建筑师，不下工地就不是好的建筑师，不研究技术就不是进步的建筑师，说明一点，城市规划常常是建筑设计的放大，有布局，有秩序，有规模，有风格，有性质。现在城市规划有许多新的内容，又成为一级学科，我个人认为二者有某种意义上的平衡，相互穿插。学建筑设计是为更难，因为它设计体型，讲技术，更有艺术性。如果规划者了解并能设计建筑，那么在总图和城市详细规划及设计中不会那么"空"，那么"虚"。建筑师设计建筑有红线、绿线、檐口线，且建造有个过程，建好还要使用，并且有反馈意见。而规划是个布局、方向，是指导性的，是城市的总体，即使是详细规划也只是到容积率、定位。建筑设计既有体型的设计，也有建筑风格的设计，有立面、屋顶的第五立面、质地等等。做过建筑设计的人与没有做过的感觉是不一样的。各有各人的作用，但最好是互通的。作为我个人来说，自己的经历是从学建筑开始的，辅导过我的老师是精通中外建筑的大师，使我对中外建筑古典法式也有了了解，为此打了基础。时至今日我参加工作60年来，既参与了城市规划工作也参与了区域性的规划设计，而着重于建筑设计。宏观、中观下的建筑设计指导地区性的创新，有利于城市建设的哲理性分析。

　　研究"城市形态"的方法不是从天上掉下来的，而是自己从实践中得到的启发，是时间的深化，即使如今深圳城市化率已达100％，也进行着改造、更新、再生。矛盾总是不断发展的，有矛盾的主要方面，特别是全球经济的一体化、气候变化、节能减排，使我们对城市形态又有新的看法和观念。绿色建筑技术的研究是必要的。我们正进入一个新的时期，我们需要迎接新的课题。

　　对于国外的城市形态，我知之甚少，但我开始研究时，和美国哥伦比亚大学建筑系主任Kras对话，他认为很有必要。当时我们还处在发展的起步阶段。我们需要观察、考察，研究其进程，研究地区特点，在当今转型阶段，知道转型的产业的变更也更加紧要。

　　研究城市形态必须把物质形态和精神形态结合起来，精神形态直接和间接地影响和决定物质形态。如中国古代的前朝后市，左祖右庙，都在布局上决定了城市的内部形态。资本主义社会的中心商贸，居住形态中的富人区、穷人区，都是由经济收入及其价值决定的。管理者的意志有时也越过城市的规划原则做出某些决策。那些不可知因素也影响着城市的发展。

　　但城市的发展和控制受到自然因素、资源因素的限制，我们要有控制地去研究，发展是硬道理，我们要研究一个时期的临界状态。科学地发展，吸取有益的经验和教训，才是我们前进的指南，实践是检验真理的唯一标准。

1.10 建筑与规划的哲理
The Philosophy of Architecture and Planning

建筑和规划设计有以下一些特点：

1）进程（Process）

事物发展总有一个进程，即开始怎样，发展过程怎样，从中找出规律性的东西，进程是时间的进程，在进程中会碰上各种矛盾和关系。我们今天的建筑和城市现状都是从这个进程中走出来的。进程是一个时空关系，是物质发展的三维空间。进程往往有时段性，例如改革开放后，我们的城市化现象加快，大批农民工涌入城市，城市用地扩张，人口激增，基础设施大大增加，农民工成为生产的主力军。而农村则增加了更多空巢老人，到了务农时，其子女却不熟悉农活。再而地方经济发展，农民工走入工厂参加生产。人口的流动就是一个过程。建筑技术也从传统技术发展到新技术，这是一个新城代谢的过程，我们要古为今用，洋为中用，要传承、转化、创新。建筑发展的进程应当是动态的、有机的，是迂回的。历史是一个进程，技术发展又是一个进程，二者并不平衡。有的如中国的传统建筑长期传承下来，到今天才有快速发展，造型各异的新建筑出现了，观察我们今天的时代建筑是需要多方位、多角度的。

2）地区（Region）

地区是建筑生产发展必须考虑的问题。国家、民族、地区、城市、区段，人的出生地、生长地、工作地、生活地，总有区域性。即使流动的人不多，但总有他的变化地点，也有他的复杂性，随之他生活工作的城市中的建筑势必也有地区性。地区对建筑有很大的影响。首先是地形、地貌、地址，有的适宜于建设城市和建筑，有的要改造，使之能使用土地，如污染严重地区，有的是重金属污染就不适合建设。就气温而言，有的是高寒地区，有的是温带、亚热带、热带，建设上都会有不同的措施和方法。气候直接影响城市建设、规划和建筑。气温、风向、大气候、小气候都对地区建设有影响。当今灾害频发地区，建筑规划要具有防灾性。建筑的经纬度不同，日照时数不同，如北欧的建筑，日照时间短，所以保温系数上有相当的要求。在亚热带地区则要求有通风，解决室内闷热问题。热带的民间住宅则用泥土厚墙，用小孔采光，因天空光亮度大。在台风多发地区，每年季风来临时要防风，要求抗风能力强。地震多发地区又要设抗震的剪力墙，并设抗震级别。一切都从地域特点中走出来。地区和国家、民族特点、社会习俗更对规划与建筑有影响。发达国家、次发达地区和国家、殖民地国家转为民主国家、社会主义国家等等由于体制不同，发达程度不同，历史传统不同，甚至各城市建设条件不同，也影响建筑设计。各地的建筑学校（院系）及其在城市中的地位，城市的首位度（如巴黎和马赛就不一样，北京与沈阳也不一样），各省市城市的等级都不同程度地影响建筑的品位，加上城市的建筑师、设计院的优秀程度也不同。我们讲地区是自然的又是社会的，最终又是生态的，还要分析一下城市的可持续发展和可再生资源。

3）层次（Level）

社会分层次，这个层次的存在为了社会的统一，相反层次又会造成贫富的差异，形成对立。层次是客观存在的，这种存在以"和谐"为条件，又以各种手段来达到目的。层次是一种秩序。中国传统的"君臣之道"就是一种秩序的表现。讲到建筑，也是这样，中央有人民大会堂、政协礼堂、人大常委会办公楼，各省市也相应地建筑。层次又是可以跨越的，可超越的。西藏原是农奴制，在社会主义新中国和平解放后，以跨越式进入社会主义的新阶段，这种跨越和超越是要有条件的，是有特色的。当前我们社会主义特色的中国也有一种跨越的表现。常委、人大、政府、政协是我们领导人的秩序，是相对固定的。政治上有管理的秩序，其他如经济上及相关机构也有秩序，设计者在这秩序中进行规划和设计。

再拿景区来讲，宾馆分有五星级、四星级、三星级、二星级等等，服务的档次、层次某种意义上也是秩序。秩序不仅适应于物质建设，也适应于道德之种种规范。

4）活动（Activity）

活动是指人及其群体的活动，包括政治、经济、工作、休憩等各种活动，其中最活跃的是商业文化活动。人的活动影响人的流动及相应的线形、停顿点、活动点，包括步行和车行的关系。政治活动对建筑的布置有影响，而经济活动是城市最活跃的地方。城市中有CBD,商贸中心，它可以依次在城市中建设，也可以有规划集中布置，如深圳市的中心区，有规划逐步形成。

所有活动都是人流活动和车行活动，介于城市与城市之间和区域之间，它们在集散点集中，又分散到各个住所和办公地等。在现代社会活动中，小汽车的研究以及停车位的设置很重要，虽然可以停在地下室，也可停在次要街道，在国外有Lane，但它依然是城市中的一大难题。城市中的活动是多种多样的，步行距离、车行距离都是我们设计中要考虑的，如要考虑幼儿园、小学、中学、医院（卫生站）的服务半径。客流组织，尽可能避免人流的交叉，这是我们组织城市交通的一个重要方面。

5）定位（Position）

定位或称对位，这是一种机遇、偶发现象。举一个简单的例子来说，一场排球赛，对方把球发过来，我方的二传手或其他人员接上球交给一传手，球正好有机会把对方打掉，正好比是一个十分好的机遇，也称为时不再来，机不可失。又如投标中标了，或被委托一项设计任务，那么就要认真地做好，做优做强做成一个好的设计，得到社会的公认。我们一个个地做红色纪念建筑，不觉20多年过去了，已建成的纪念性建筑达20多项。定位就是一种机遇，看怎么对待。如果我们松动一下、对付一下就会有失败的可能。人称口碑，只有成功才能取得公认。所以设计的态度要认真，但单有认真的态度是不够的，更要有足够的基本功和基本技能的训练。在比赛场上要面临考验，要有临场的经验，有成功也会有失败。一个工程设计做小一点，要一两年，大的要五年至十年才能完成，取得公认、得奖更要一段时间。人生能有几回"搏"？

既然我们学了建筑或规划，就得认真，得下工夫，才能求得成功。我们的老师杨廷宝先生在美国留学时说：当老师改图时，我就多做一些，也替美国孩子做方案；当老师布置作业时，不但改了我的图，在改别的学生的图时我也学到了东西。多构思，久而久之也就熟练了。我们学习时要把握时机，这对今后的工作是非常重要的。

6）超越（Surpass）

举一个例子，我们下围棋，不论中外，都要有一种预测，即看第三步，有预先埋下的棋子，这样在出其不意的时候取得胜利。如果我们走一步，对下一步没有预测，就有可能输掉整盘棋。凡事要有预测才能立于不败之地。下棋如此，做事更要如此，即要有前瞻意识，实际就是提前做准备。要有预计，要有预谋，当然不可避免也要冒险。人们讲"明修栈道，暗度陈仓"，我们讲超越实际上也是可持续发展，这是当今我们工作的前提。我们的快速城市化带来了一些负面效应，如资源快速枯竭，水污染日益严重，这给我们国家转型带来了困难。当今国家提出的"稳步前进"，就是一个实例，不论水源、土地、人口的发展，都要有持续发展的理念，所以超越是我们的理念。应节约能源，发展可再生能源，节能减排，尽可能地防止污染或污染物的排出，以除掉源头上的危害，树立全面的环境保护意识。人无远虑必有近忧，我们设计的武夷山庄，建了一期，又延伸出个二期，再而又发展成为三期。北京杨廷宝老师设计的和平宾馆，原是一个优秀范例，但到了后来又新建了大和平宾馆，原设计却被淹没。常常难以科学地预计，在武夷山庄边上的幔亭山房，早时在开建筑学会年会时，那儿曾是一个抢手的地方，而今无人经营也就衰落了。超越时空，对事物的兴衰成败，设计的延续得失，尽可能做出预测。

2　地区与城镇形态

Regional and Urban Form

2.1 发展与控制
Development and Control

我在撰写的《规划课》中曾提到"生长点"，任何城市的发展都和它的增长点有关，特别在我们产业转型过程中，尤为重要。

城市是从封闭到开放，城市间互相联动、辐射，从单一到多项的一个复杂系统，需要整体地研究。起始是点，继而轴向，从单向到多向，再而呈网状，有组织和无组织相结合，有序和无序继而连片地增长和发展。宜居环境需整体地融合求得再发展，更要求有保障和动态的管治。

这些生产是在相对时空中运行、新陈代谢的，在各阶段的过程中发挥其能量、价值观和活动。我们要有科学的机制，以人为本而可持续发展，且平衡地前进。

要有集聚效应——人口的集中和合理分散；

要有生态效应——符合生态等要求，节能减排；

要有激发效应——产业的互动激发提高。

我们要着重于过程的研究，着重于系统和规律性的研究。在改革开放初期，提出快速城市化，什么"城市化是推动力"，又提出是"核裂变"，快速城市化后带来了诸多不便，产生许多矛盾和困难。当今我们提出"稳步，推进"。时间的进程教育我们要适时地调整政策。又如当今的"欧债"及全球性的经济危机，对我们的经济发展带来巨大影响。

增长点的活动轨迹，可以认为是由点（相对的）到线（沿着基础设施，道路、地下设施的路线）再而成面，大体呈"方"形、网格形发展。

城市生命周期，提出了城市发展必然有一个新陈代谢过程，这是生存竞争中必然的过程、生长点有它的生长机制，促进其不断生长，或有消亡的迹象，所以内部机制是一个关键。人有生命周期，城市也有其周期性，要从内部激励，生长新的来替代过了时的要素。这种轨迹来自于地区总的经济发展及所能提供的支持，再有自身自转能力所能产生的新的活动和能量。总之是内部的外部的，即内因和外因的作用力互为转换，所以最创新的是转换力。自古以来可以是自上而下地生长，如强化行政力的时期，也可以是自下而上地自然地生长。在科学发展的社会，人们要懂得不断进行规划和设计。

古代的城市不论东方或西方，都带有防御性质，如城墙和城堡，工业革命以后由于工业集中和工人集中居住，产生了城市中的分区。这个时代学者们提出了诸多城市发展模式，如田园城市等等。可以认为城市内部机制的各种力不同，作用大小不同，使城市发展产生了不平衡。

这里需要提出的一点就是城市的控制。如霍夫曼的巴黎的控制性设计改造对城市建筑、广场高度开始了控制，使老巴黎空间组合整齐而有序，当然也破坏了中世纪的巴黎城市空间。我想这是控制的起始。控制和发展是一对矛盾，有发展就要有控制，还要有保护。总的来说发展是硬道理，因为国家始终要发展，但是因地形、地貌、人口、水源、资源、农田、绿化等因素，控制和保护在发展的前提下也是硬道理。

城市应该有节制地发展。如同我国各个年度有 GDP 的数字可以宏观控制，城市的发展也是可以干预的，即采取人为的措施，包括自然控制，如由干旱等自然灾害多发地段不适宜居住造成的控制，再就是管理者依据经济复合生长点利用运行机制有序地进行控制。

城市的发展是科技、产业发展的推动力。

具体地讲城市的发展是在农业生产的时代蒙发的。城市的观点由上而下。生产力低下时，农民的生产力有相对限制，加上交通道路的局限，农民说"遥田不富，吃饭跑路"，意即离劳动远的距离，劳动者要花多的时间在路上，而耕田时间有限，所以农村中自然村分布相对均匀。苏南水乡地区也相对受到距离的影响，在人口密集的发达地区，还要依靠手工业和经营商业。商业贸易从分售点到高层百货公司、专卖店、超市（Supermarket），都说明了不同层次需要不同的商业综合体。商业街从最小的 4 米到 20 米不等，人们要看清两边商号的招牌。在发达的城市，汽车交通发达，就把市场改到城市的边区，有大的停车场。以上说明多个因素的综合、混合是一种多功能、多元化的反映，从场址来说这是一个发展，呈现市场的整体反映。

2.2 江南农村村落
Rural Villages in Jiangnan

对于整体宜居环境的研究，我们必须面向农村，虽然我们的城市化已超过50%，但广大的农村，千千万万个自然村、乡镇都在翻天覆地中变化着，它不仅影响全国，也影响世界。农村主要是以粮食生产为主，农民的转化是一种人的价值观的提升和变迁。粮食生产对国家来说很重要，俗话说："家中有粮，心中不慌"。不论何时，粮食生产对我们这样超大型国家来说都是主要的。我们国家是农业大国，几百年来政府机构都重视农业，现在已经对农业减免了税收，对农村的义务教育、建房、水利建设等也非常重视。

笔者研究的范围是江南。现今的江南最富裕地区为苏、锡、常、宁、通等地，这个地区经历了小城镇的工业化发展，形成了一种模式。改革开放以后，引进外资，大多数企业转型，从粗犷型转为集约型，其虚拟经济和实体经济相对稳定。这是经济可持续发展的重要基础。

首先要研究的是乡村形态整体演化、聚居的生活方式、空间特征与社会结构特征，这是形成居住形态的三个重要方面。

交通、贸易、材料的交换、人口的迁移、技术上的交流、社会交往及相关宗教，以及合作社、银行机构等，都触发了农村的变化和变革。村镇的变化、乡村的变化带来各层次的变化，乡村的进化、乡镇的分化是由农业和畜牧业的分化、手工业和农业的分化及商业带动和促进的。由于上述变化等原因，乡村位于诸村之中，有可能成为中心村。人口增多，农村的生存生活的运转要有必要的商贸交换，当村落又处于交叉口时，有可能上升为镇。而偏僻的乡村，山高水深，传统的村落难以集聚。俗话说"要致富先修路"。公路通到哪里，就会给哪里带来商机。要发展，就要有相应的工业和产业，要有交往，要有贸易，这样乡镇才有生气活力。要发展，也要有动能、电能，综合的因素缺一不可，这是自上而下，而自下而上也产生相对的定位。

解放后，乡村和乡镇发生变化，是归于自上而下的政策，农民放弃了原有的耕作方式，而被整合到社会主义生产中来。国家的户籍制度奠定了城乡二元发展的基本格局。行政区划的变迁影响农业的自组织结构，农业生产仍然得不到前进，农民仍然相对贫困。但必要设施得到加强，尔后建立了农机修配厂和加工厂，它们都为幽静的农村焕发生长点提供了底蕴，徘徊在传统和现代之间。我们以苏州的黎里镇为例（图2-2-1~图2-2-3）。

城市的风貌由传统走向杂乱。我们走过一段农业徘徊不前的时期，直到1962年才开始好转，走过了改善居住条件的启动时期，经过了缓慢的渐进时期。1970年代初，由于生产的扩大产生了建房的需求，当时多在原地兴建。农民问题始终是一个重要问题，户籍制度在一定程度上阻碍了城乡之间的关联。经历了改革开放30多年，乡村变迁处在前进之中。

1978年以后，中国社会走出了混乱，中央十一届三中全会后本质地变革。1979年只有10%的农户生产到户，

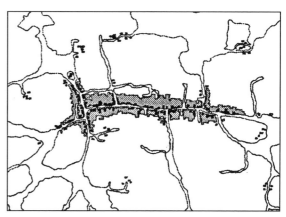

图 2-2-1　黎里镇生产合一的传统特征

1983 年则达到 98%，1983 年 1 月中央在《当前农村经济的若干问题》中把这种方式定名为"家庭联产承包责任制"，这一政策符合国情。1985 年人民公社这套制度停止，使农民有更多的自治，恢复农民行使自主权，农民得到相对自由的就业选择。农民懂得进入组织集体经济的观念，在认识上提到了一个新的高点，这都为发展农村工业铺开了道路，也为农民提供了外出就业的机会，使其劳力得以发挥。这样一种改革开放，大大促进了乡镇工业的发展，使其进入了一个超高发展的状态。同时外资企业的进入，又促进了经济的发展。"以集体经济为主体，乡村工业为主导，中心城市为依托"，在县级政府领导下，运用市场经济全面发展，实现城乡一体化，实现共同富裕，实现农村社会全面进步的经济发展模式，逐步转向以工业为主，与农业结合的发展模式，工业又可作为城市产业的配置行业。乡村的变化，带来了观念的更新，同时也注重其发展，增强了小城镇的自转能力。

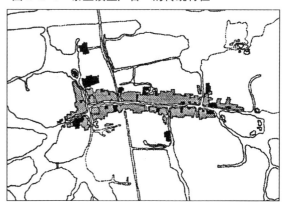

图 2-2-2　社会主义改造后生产区由分散走向整合

我国的农业由"土改"走到今天，经过了一个艰苦复杂的过程，是一种政治经济的融合和分离，有自己特色，处于职能、价值的区域空间之中，总的是走向现代化农业，而且是组织空间一体化，如道路交通、管理的分层，使大、中、小城市有机地组合在一起，形成了中国特色社会主义的重要组成部分。

摆在我们面前的还有工业要改变粗犷型，转化为集约型，其次要改变发展模式的雷同，变重复建设为有计划的建设等，使城镇化走上一条有机的整体的道路，使宜居环境走出一条有特色的道路。

我国是一个农业大国，在发展工业的同时，绝不改变农业的发展和保护政策，并运用领导机制，科学实行"管治"。根据地区农业的特点，依据各地的宜居特点，充分发挥特色农业，保护非污染的生产。

图 2-2-3　市镇生活区与生产区逐渐分离
［图片参考：孟建明.江南地区小城镇物质形态初探.城市规划，1986（5）］

面对"三农"的建设问题，村落的建设一定要合理科学，不宜大拆大建，使之管理便捷。农民之间要有好的邻里关系，并有地区特色。提高乡村干部的水平也至关重要。对农村的建设一定要防止污染，同时逐步恢复被污染地段的再生能力。在建设新农业中，要解决好污染、垃圾及乡村文化建设问题，建造的住房要有自己的风格及特色，不宜像城市建设那样千篇一律。

　　提高乡村文化是重中之重，这是保证持续发展的基本所在，培养乡村医生和乡村建筑师要作为提高乡村文化的一种手段。

　　我们讲整体宜居就是要满足广大人民求实的要求，我们已看到农村建筑中的"洋"、"贵"的模式，是为不可取的。城市建筑师要下农村参与规划和设计，做好为新农村的服务工作。

　　广大农村的生态环境要注重保护绿化，保护水源，保护有历史价值的文物。

　　（引李立博士论文《传统与变迁：江南地区乡村聚居形态的演变》，本人为指导教师）

2.3 苏州古城
The Ancient City of Suzhou

国家进入土地有偿使用、房地产的开发、市场经济机制的运作的时代。有着 2500 年历史的苏州古城，随着新区的开发，在形态结构上面临着一系列的变化。对苏州古城的研究以原古城的边界为界，既包括护城河内的整个古城，同时也包括有特色的山塘街、上塘街、上塘河、虎丘及寒山寺等地段，我们在这里以现代的结构形态的演化来分析。1840 年后，上海成为港口、宁沪铁路通车、外商掠夺资源、商业运营萎缩，加上太平天国战争清军焚烧城池，资本主义经济大批侵入，使苏州成为洋货的转运码头，地方经济从而遭到重创。之后民族企业一度复兴，但总体走向萎靡。日本侵华，日伪统治控制一切经济，工业、商埠处于停滞状态。随着政治统治的变迁、转换，帝国主义的殖民，社会、民族工业、文化风尚都随之而变，起起伏伏，兴衰存亡，难以分析，人民颠沛流离。历史是一部难以刻画的足迹。

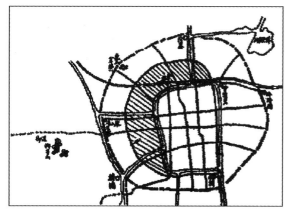

图 2-3-1　1927 年苏州分期改造旧城的规划图
（图片来源：谭颖．苏州地区城镇形态演化研究：［博士学位论文］．南京：东南大学，2004）

解放初期，对这样一个保留历史印记的古城重新认识，对经济的发展也来做分析。建国之初要扫清国民党遗留的种种矛盾，加上抗美援朝、三反五反、资本改造、思想改造等等运动，经济处于恢复期，有政治热情，而无科学思想。那时，城垣被拆，河道被填，文物被毁，重生产轻生活，城市土地无偿使用，导致对古城的强化利用，大量工厂集中在古城内，见缝插针，又忽视城市基础设施的建设，造成污染又忽视治理，园林风景难以保护，加上"大跃进"的冒进，虽然一段时期稳定下来，但又经历灾难性的"文化大革命"，园林、民居、寺庙都有所损害。

从上述的分析中可得出下述几个结构形态的演化：

（1）城市在古城内始终不变，并在其中运转。

（2）古城向西逐步开拓发展，向西北再延伸。

（3）再向北在铁路以南延伸，这是由于铁路而形成的发展。西部成为

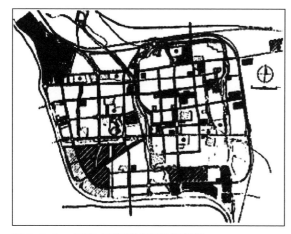

图 2-3-2　1959 年苏州城市规划总图
（图片来源：谭颖．苏州地区城镇形态演化研究：［博士学位论文］．南京：东南大学，2004）

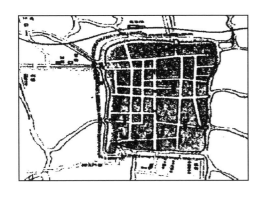

图 2-3-3　1930 年代苏州环城大马路示意图
（图片来源：谭颖.苏州地区城镇形态演化研究：[博士学位论文].南京：东南大学，2004）

图 2-3-4　1957 年苏州市城区图
（图片来源：谭颖.苏州地区城镇形态演化研究：[博士学位论文].南京：东南大学，2004）

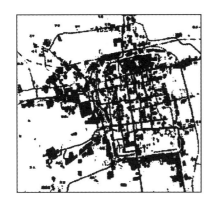

图 2-3-5　1973 年苏州市城区图
（图片来源：谭颖.苏州地区城镇形态演化研究：[博士学位论文].南京：东南大学，2004）

最早的开发区，一种动势变为现实。

（4）由于受到各种经济的影响，如上海的、民族的等等，建筑都先后渗透到城市尚有空隙的地方，建筑形体开始杂乱。

（5）改革开放后城市向东发展，工业园区建立，东西两翼待发展，减轻了古城压力。

（6）改善古城，并整治城内建设，沿道路的建筑控制好层高，古城各片区整合而得以改善。

上面是结构形态变化的过程。

总之，古城的城址是先人慎重择定的，它们是文化、政治、经济中心。苏州古城经过历史演变成为南方军事政治中心、商业手工业中心，明清以后发展为政治中心、经济文化中心，备受国家全面保护。历史名城向四周的扩散呈现为由点及线、由线达面的过程，达到两翼的全面发展。历史沧桑，混杂、破败、沦落是一个过程。被确定为租界，城市污染，解放初的拆城填河，带来了新的损害。城市的扩张势在必行，从填满古城，工厂见缝插针，到整顿、共生、整合，达到有机的更新和改造。历史文化遗产的保护是极其重要的，如控制层高，改善片区，整治城市内的不合理建设。风格的保存及风格的创新在工业园区没有得到重视，是为遗憾。总之古城的形态正在改善之中，控制人口，控制层高，控制建筑风格，加强基础设施建设，合理配套好基础设施，是非常重要的。

2.4 苏州地区的城镇
Towns in Suzhou Area

苏州这座历史名城，是地区行政中心、科技中心，也是一个旅游城市。在改革开放的年代，建设工业园区形成工业化的城镇群，加上周围发达的城镇促进了它在江苏的经济地位。在这个区域内存在发展与控制的问题，同样对古城也存在发展与保护的问题。在这个版块内既有中心城市的作用，也有园区及下属城镇独自自转和主城的互补。这个研究实际上是区域城镇群的基于多学科的综合研究。其中包括：城市历史论，即各阶段城市的阶段性；城市地理和经济学，即城市社会的经济发展；城市地质及地形地貌的变化，城市管理的状况，城市建设的形制规则和相关的法令。总之从进程、地区、层次、活动、对位、超前等进行综合研究，最终还要从城市的形态学，整体地、结构性地进行研究。特别还包括现今城市的进程中与产业的关系、社会人口的结构、土地的变化、交通状况、本地的地区快速信息化等。各时代，从农耕时代到工业化时代，"三产"对城市的增长点不一，对城镇的认识是不一样的。"城"最早带有防御性，"市"有经济上的交换，有市井，有贸易。城最先是有防御性，而宋以后出现于经济领域，现代的城不仅有工业更是商业的交换点。"城市和城镇"则是国家的规定，City and Town，在国外Village 则是村了。

促进地区的发展就是推动城市化。城市化是一种现象，是一个过程，它以工业化为基础。苏州是苏南的中心城市，是历朝的农业富裕地区。农民的知识文化水平相对要高，国家的政策加上有上海发达工业的退休工人及其技术支持的基础，所以改革开放后乡镇工业很快得到发展。这些有技术的人员流向苏南各地，人称"苏南模式"，即集体经济的发展模式。之后随着经济总的发展转化为民营企业和中小型企业，成为国家经济发展重要支柱之一。

城镇化这一现象各相关学科都已有阐述，西班牙工程师赛达（A.Senta）在1867 年首先使用城镇化这个概念。城镇化，简单地说是乡村变成城镇的一种复杂的过程。社会学认为城镇化是一种城市性生活的发展过程；人口学认为城镇化是人口向城市集中的过程；经济学认为是人口从农业转向非农业经济，满足"二、三产业"的需要；地理学则认为"二、三产业"向城镇集中，除原有的居民点外，包括新形成的居民点。总之是人口性质的转化，"二产"、"三产"的转型，表现为人口集中，土地扩张，是一种人类进步的过程。

城镇群体和城镇体系，是相对来说的，是一个群体的城市依附有若干个次要的城镇，再即是在行政区划有若干个城镇，相互间有较密切的联系，而且地理位置密集而连绵。苏州、无锡、常州是谓苏锡常的大城市连绵区，而每个城市又有密集的体系。至于说到城镇体系，是给予各等级的城市以定位，且功能各不同，实际上是一种经济联系的空间体系，英文为Urban System。体系反映了群体之间的层次性、等级性和整体性、动态性以及其不稳定性。区划的变动与经济发达程度及交通信息有密切关系。这里特别要强调区域之间的基础设施建设的重要性，大面积地保护耕地和矿产资源，防止自然灾害和各种可能突发事件，是建设城市宜居环境的保障。

在研究苏州地区城镇形态之前，我们要首先对城市形态做一认识。形态，Morphology，城市形态，Urban Morphology，有多种意译。城市形态应归为形状和结构，有的学者称之为结构形态，包含功能配置、街道、路网、物质形态、文化、社会形态，也包含精神形态、观念和价值、精神风貌，以及生态结构、经济结构和行政结构、行政体系，还包括城市中的人与自然互动，及城市社会与人、人与社会的互动。形态反映了时代的生产水平、交通、经济结构、生活方式、科技、民族文化等内涵，总的形成一个时期特有的形态特征。建筑史学家吉迪翁（Sigfried Giedion）曾说："只有城市的形态才能确实表现出一个时代的建筑成就，它是那个时代生活、经济、文化的综合表现。"又说："城市形态是人类经济活动在空间上的投影，是社会、经济、文化的综合表现，是特定的地理环境和一定的经济发展阶段中，各种活动与自然环境的相互作用的结果，它直接影响城市内部各组成部分的总体布局和城市发展的综合效果。"

城市空间特征的构成要素，可以与人体要素相比喻，即"轴"（Axis）——指城市发展的轴，可以是城市的干道。南京市的中山路即是城市的一根轴，北京长安街东西横贯也是一根轴，苏州的干将路东西横通与太平路呈"十"字形也是

个轴。轴起稳定、发展、延伸的作用。其次为"核"（Core），它指城市交通人群交往最集中的地方，一般为商贸中心，有强力场吸引各处的人流、交通流，核可以有次核，副中心，总之服务于整个城市或某一区域，可以是线形的或"十"字形式。"群"（Group）是指城市中相对集中的同类型的建筑群体，如居住区、工业区、仓库区、绿地块、空港、铁路枢纽等，且有内聚力和一定的相互关系。"架"（Structure）是指"骨架"，它与轴共同复合成道路网，如放射路、环路，支撑城市的骨架，从线形到方格形再到网形，它是城市的基本格局。"皮"（Skin）是指建筑的界面，如街道的立面，或城市的外形线（Outline）、轮廓线，即空间的限定和审美的要求。例如上海从浦东看浦西呈现一种旧上海的形象，从浦西看浦东呈现一种新上海的形象。

城市形态是一个整体，不同时期有它的特征。为了城市的生存和发展，城市中各个机能必须要自我运转，又与其他城市在地区中相互运转。这个整体表现有四个特征：

（1）由内向外发展，由中心向外自然地发展，由低到高、又由高到低地发展，即改造原有的中心，向郊区发展，形成城市中心部分向郊区发展的动势。

（2）城市沿基础设施发展，考察一下小城镇，村落总沿着公路布置，以利用基础设施，也有沿着小河道布置，呈线形或十字形。从城市到地区直到区域都是这一规律。

（3）新陈代谢，即城市中一部分由于年久难以使用

或不可使用，需要改造、更新、再生（Reconstruction、Renewal、Regeneration），当然也包括改善，这是规律性的。城市的生生死死或由于天灾，如新疆的交河故城、宁夏古城都因时代的自然灾害和战争而毁灭，人们在原址上加以改建、改善、更新。

（4）相吸与相斥。城市中的功能要考虑多种因素，如居住区要近工业区，或相互混合，Mixed Land。污染的工业要控制距离，如污染或有毒厂房等。这在不同社会中都依靠权力的把握。总之要保护、控制，保护是个原则，同时也适用于视觉上、艺术上。又如历史文化名城的古建筑、古墓、古遗迹，都有相互关系的问题。而今越来越重视历史文化的保护，这也不能忽视。

我们要遵循这样的原则："留出空间"，留出水面、农耕地、矿源；"组织空间"，有机地在地形、地貌中将城市形态规划设计好。特别是绿色城市、山地城市和滨水城市。1978—1985年，乡镇工业用苏南模式，得以兴起，各镇（县级市）都有独立的运转，县城的形态依托原有的城市新区。当然也有遗憾之处，如古代在常熟有七条国道通向方塔，是为世界性的传统城市，但而今有的被堵，恢复原状已不可能，"半壁青山半边城"的历史景观也遭到损害。著名的城市苏州下属诸县级市中，昆山经济最为突出，其形态也是向心苏州。当今随着经济的发展，古苏州的形式渐渐淡化，人口、土地扩大，基础设施加强，文化设施也得到提高。苏州市从长期

历史变迁转化为动态的变化。这个时期人们已意识到历史保护的重要性，许多古桥、古建筑群、寺庙等得以保护。

意识形态的观念通过领导者、群众转化为形制，影响了城市的形态，而城市形态又通过物质形态转化为精神形态，影响建筑和城市形态。形态—转化—新的形态，有保留的、遗存的，也有更新再生的，无限地发展成为形态的持续。经济的刺激，我们比作"魔鬼"，而文化的传承、转化、创新，比作"上帝"。但愿文化水平的提高成为最为重要的，形成全面的、科学合理的城市形态。我们定会走向真实。

"创造空间"，在科学技术高速发展的今天，我们要开发地下空间，利用好地下空间。

我们正处在经济、政治转型阶段，怎样使城市可持续发展，特别是许多矿源城市目前已变为枯竭型城市，怎样延发、怎样转型是我们这一代人所要研究的。

城市形态的研究具有物质性，同时也有精神性，它有综合性。生产的、文化的、历史的现实告诉我们：

（1）城市规模的扩大呈蔓延态势。以苏州而言，2002年较1998年城市规模增大几乎一倍。5年再造一个苏州，带来了巨大的交通压力和环境压力。

（2）土地供需矛盾突出和结构不合理。以苏州为例，土地使用大大加大，人均耕地不足1亩，而小城镇的建设也遍地开花，重大基础设施负重建设，用地速度扩展，房地产和开发区热，用地结构不合理，城中村现象也造成土地的使

用支离破碎，农村居民用地偏大，苏州小城镇人均建设用地159.94平方米。

（3）产业结构和布局同构，支柱产业不够突出，区域功能系统不够突出。城市向经济、电子、机电的外向型经济一体化转化，缺乏优势，中心城市地位不够突出。

（4）历史文化名城名镇受到激烈冲击。城市管理者在经济发展压力下大力更新旧城，城市保护面临难题，古城肌理腐蚀，加上高楼大厦打乱了城市的空间秩序，代替了原有空间肌理，使城市特色丧失，而以高、大、洋来替代，使古镇不堪重负。

（5）城市空间特色丧失。快速发展使城市原有的空间形态渐渐或快速失去，什么仿古一条街，广场风、草坪风、大树风，城市特色无从考察，还有今年建的若干年后拆除的现象。

（6）硬质地坪失去绿地，破坏了生态。绿色生态降低，小气候有所恶化，产生了新的脏乱差。绿色地坪与硬质地坪的匹配是个值得研究的问题。

农民进城有众多问题要解决。主动和被动的农民工，远距离和就近务工是地区发展的一个个矛盾。

我们开始研究苏州地区城镇发展与形态的演化。在古代这个地区就是一个农业生产富饶的地区，春秋战国时期（公元前514）吴国即建都于苏州，是为我国最早的文化的发展地之一，吴在这儿建都城大兴土木，吴越战争之后战乱不断，之后的春申君又恢复建设。当时有许多传说，如勾践复国、范蠡和西施的故事等。城市形态中的吴国大城，城市呈内城周长约1530米，外城周长为15000米，吴王命伍子胥建城，有城门，各功能区内向封闭，是为吴国军事政治中心，也是商业手工业的集中地。苏州开始成为吴文化的中心。

秦汉六朝时期，公元前221年，秦始皇统一六国，建立了第一个封建帝国，刘邦建立汉时，曾分封楚王韩愈等人。六朝战乱，人口南迁，使苏州得到发展。两晋朝代更替又使苏州走向衰落，但这个地区仍是农业较发达地和手工业、商业交换地，在政治上地位较低。六朝时期（229—589），为避免中原战乱，人口南迁，苏州人口又开始增长。三国吴为孙权属地，经济较为繁荣，城市建设兴盛，其城墙已成为宋代的雏形。宋代的平江府图是为正式的古苏州图，是为城市规划范例，呈不规则长方形，南北9里，东西7里，周长32里，河网水道等入城区。河道与道路平行，面河背街，里坊东西横向。明朝的苏州政府减税，手工业、商业比较发达。当时市中心区的玄妙观已修建成，贸易开放，大地主们建私家园林，有200余处。苏州已成为江南一大都市，职能也转化为工商城市，建筑丰富，已有江南建筑风格，成为我国南方建筑风格的代表。由于物产丰富，也是中央政府赋税地区。城中的水路码头各具特色，风景似画。晚清时期（1849—1911），最重要的事件是太平天国进入苏州，拙政园为王府之一。但1863年太平军失守，清军屠杀无辜。1910年全市人口减少。苏州曾为殖民租界，故城内有些小洋楼。到了民国时期，诸城并入吴县，成为县城，1928 年又正式成立苏州市，后又改为吴县。日伪统治时期经济滞后，又处于停滞状态。历经时代的变迁，市区也引入现代建筑。如北向小广场成为商贸中心，在人民路上也建有商场，其风格古典与现代并存，但城市肌理依然留存，保留了许多街巷。持续几千年的封建统治，朝代更替，人口南迁，这富裕的鱼米之乡，城镇的形制都由当时的朝代的形制所定。人口的增长和减少，有的则是因战争损害，引起城市和镇形态的变化。在农业为主导的社会中，城市主导者大多是地主、官员，作为富裕的农业地区，广大的乡镇也是农民和地主集中的地方。手工业、商业的交换逐渐占有相应的地位，由于苏州文化底蕴的深远，又成为中央集权赋税的地方，自然也受到外来文化的影响，一些公共福利设施，如学堂、医院等设施相继建立。外来文化进入后，建筑形式已不是一统的苏州风格。而地区的乡镇多沿水建设，著名的乡镇如同里、黎县都知名于国内。

1949 年新中国成立，建国之初，国民党破坏经济，加上抗美援朝，国家在经济政治上学习苏联一边倒，进行多次政治运动，又进行社会主义改造。此后，城市开始得到建设，除建一批高校建筑外，也建一些低标准的住宅（大多在城市郊区），对城市内的旧房、危房进行改造，形态上无甚变化。1956 年经济有了恢复，但不久又进入"文化大革命"时期，上山下乡、"四清"，经济又落入低谷，城市的形态无甚变化。十一届三中全会，全面地评价历次运动，特别是"文化大革命"。

发展经济、改革开放、引进外资，极大地促进了城市的发展。城市化自下而上又自上而下进行，快速的城市化使大批农民进城，城市迅速扩张。城市向东西呈带状发展，东为工业园区，西为新区。全国各地的模式在西区重演，高楼林立，高架桥"龙飞凤舞"。而工业园区与新加坡合作，有较好的控制性规划。这时形成一体两翼，东西贯通。旧城只有城西中区建设了一些新建筑，但高度控制在 24 米以下，新的传统建筑得以建设，恢复了传统风貌。总体上来说，城市向北也在控制性地建设，历史文物建筑得到修复和改善，对历史街区的改善和保护也做了大量工作。东西方向得到开拓，与南北方向呈"十"字形。

2.5 生态城探索
Exploration of Ecological City

1）天津中新生态城

天津中新生态城位于滨海新区以北，总面积约 30 平方公里，总投资 500 亿，用 10~15 年建成，人口规模为 35 万，是当前世界上最大的生态宜居示范城市（与新加坡合作）。该城由湖水、河流、湿地、水系、绿地构成复合生态系统，绿化的覆盖率达 50%，且各水系是城市的直饮水，海水淡化超过总供水的 50%，可再生能源达 20%，世界上一些发达国家其再生率为 1%~2%，并积极地利用地热、太阳能、风能等再生能源。实施废弃物分类收集，综合处理和无害处理达到 100%，垃圾回收率达 60%。在区内实行轨道交通，是清洁能源公交与轨道系统相结合的绿色交通系统。绿色率达 90%。

该区位于滨海新区，距城市中心区 48 千米，距北京 150 千米，东临中央大道，北至津汉快速路，西至蓟运河。空间布局上是为一轴三心四片，一轴以生态谷为城市主轴，核心为一个城市中心，三个城市次核心（次中心），其中完整地保留湿地，预留鸟类栖息地，实施生态修复和土地改良以适应生物群落，形成人工生态和自然生态有机结合的格局（图 2-5-1）。

再有新能源的利用，如地热能、太阳能、风能、生物能的可再生能源使用达到 20%，并推进清洁能源使用比例达到 100%；再有水资源利用，以节水为核心，建立水循环利用体系。人均日用水 120 升。绿色交通，建立轨道交通，清洁能源公交与慢行交通相结合，人车分离，动静分离，绿色出行。

住宅区则以生态住宅区为基本，400 米 ×400 米，即邻里单位的设计原则，社区服务中心半径 200~300 米，服务人口约 8000 人，并满足就近医保。整个社区有 4 个基本社区，即为 800 米 ×800 米的街区组成，由自行车和步行系统组成网络，服务半径为 400~500 米，服务人口 30000 人，为居民提供日常医疗卫生、文化体育、商业、金融等服务。目前各地产商纷纷引进，

图 2-5-1　天津中新生态城

是目前外资企业最集中的地区。

2）唐山曹妃甸国际生态城

唐山曹妃甸国际生态城是中瑞两国环境技术合作项目，位于唐山南部，西邻天津，东接秦皇岛，居于曹妃甸新区东部，西距曹妃甸工业区 5 公里，东距海港开发区 25 公里，由曹妃甸国际生态城管理委员会委托 SWECO 公司完成其中具体任务（图 2-5-2）。第一期起步为 12 平方公里，考虑其整体性，其产业为装备制造、石油化工、精品钢材和现代物流。曹妃甸国际生态城是工业区和港口配套的新城，是环渤海区域知识型社会的中心和象征。

总投资 23.3 亿，应用瑞典的理念和技术，构建水处理、垃圾处理及利用、交通保障、绿化生态、公用设施、城市景观、绿色建筑等技术体系，共 8 项，均研究其指标体系。

图 2-5-2　唐山曹妃甸国际生态城

总体规划面积为 130 平方公里，第一期为 30 平方公里，起步区为 12 平方公里（为挖沙填海区），海边有防波堤，在做法上将绿色走廊、运输系统现有肌理叠加研究，组成网络状街坊结构，研究容积率与密度，研究交通规划策略，对节点交通作出理性研究，作出非机动车的交通系统。

水环境与景观规划，对水环境作出治理的研究，再即是能源(资源的规划)，使降低需求，研究可再生能源的比值，并具体落实到地块，使地块资源与环境控制指标相关联。

和过去的传统规划和建设规划比较，可以判断出如下的区别：

（1）强调整体环境与绿色，大大增加了绿色的面积；

（2）充分利用可再生能源，如风能、地热能、太阳能、超新能的利用；

（3）具有节能减排的宜居条件，住房、医保、劳保等的条件和水平要制宜，使老有所养，幼有所托；

（4）注重城市的卫生，处理好防污、排污、排涝，城市和乡村的垃圾，并逐步加强水的清洁度，提高饮用水的质量和品位，重视空气的污染和清洁度，使人们回归自然。

事物总是螺旋形上升的。这是一种新的天人合一的思想，一种整体宜居的思想，一种绿色环境的创新和再生，一种在新的历史条件下的城市和乡村的融合，是最大限度地满足社会的需求和人们日益增长的需要。我们更要建立新的伦理道德标准和信念，"我们没有救世主"，只有靠自己的智慧、情感和劳动，物质和精神双赢，减少城乡差别，减少贫富差距，走向共同富裕。历史的前进进程告诉我们，前进的道路是曲折的，我们还有许多路要走。绿色城市、生态城市，只是一种理想。上述介绍只是个试点，世界还有发达国家和欠发达国家，有不平衡，有侵略和被侵略，有多变而复杂等等因素。我们在讲绿色生态因素之外，更要重视政治因素、经济因素及其反映的经济危机。大的格局还存在着矛盾甚至斗争，还存在着垄断财团和广大群众。我们不能离开我们的宗旨"英特纳雄纳尔一定要实现"。

3）北欧国家低碳社区项目调研分析报告

北欧国家历来注重环境与生态系统保护，特别是瑞典、芬兰、挪威、丹麦四国做了大量工作。调查者考察了丹麦哥本哈根的 Hedebygade 街区，瑞典马尔默西港区 Bo01 城区，瑞典斯德哥尔摩哈默比湖城及芬兰赫尔辛基实验区，并体验当地的低碳生活，调查其相关问题。

（1）丹麦哥本哈根街区——关于能源的利用

Hedebygade 街区，是指在哥本哈根中心区附近的工人住宅区，包括由 1888 年建造的 19 幢房屋，楼高 5 层。该地段通过建筑生态化改造成功地实现更新，为之提供室内外良好的气候，充分利用再生能源。

能源和资源的利用，其中更有太阳能的利用。在 1 号公寓外墙部分设计了总面积为 60 平方米的太阳能电池板，补充部分能源。电池板壁后的空气预热后可辅助自然通风。而电池板的冷却过程也可以提高发电效率。而 2 号楼则在此基础上进一步在屋顶上安装了用于局部加热和提供热水的太阳能集热器。3 号楼有 12 套公寓，均配置了一种新型的带反向热流回收装置的太阳能集热墙，并和地区供热相连。仅 25 厘米厚且带热回收装置的太阳能集热墙外覆毛玻璃和太阳能电子板，这套组件由 Co-Vent 公司提供，包括交换器、风扇和过滤器。整套系统的运行十分高效，耗电较少。太阳能集热墙内还配有过热保护装置。

通风、采暖和热水供应一体系统，即所有的楼通过各楼的锅炉房与地区供暖系统相连，通风和热交换系统结合在一起设计。其他还包括山墙的节能措施、灵活立面、诱导式自然采光、能源消费分户计量、垃圾分类、植物的空气净化等等。

（2）瑞典马尔默西港区改造

被国际上公认为一个可持续发展的成功典范。将旧港区、高度工业化地区转变为生态且可持续的现代城市区。其能源都来自于当地的太阳能、地热能、潮汐能和风能，并做到 100% 垃圾回收，成为瑞典的一个"零排放"社区，被联合国评为"有生活的环境"荣誉奖。

（3）瑞典哈默比湖城

另一个瑞典实例是哈默比湖城（Hammarby Sjöstad）位于斯德哥尔摩中心城区的东南边缘地带，占地 200 平方公里，是一座可持续发展的新型城市，其中水面 50 平方公里，建成后为 2.5 万工人提供 10 000 套公寓，容纳 30 000 人在这儿居住工作。1995 年启动到 2010 年，地区已建成 10 800 套住房，到 2017 年全部建成。它将原码头区和工业区转换成现代都市环境。大部分地区采用 100 米 × 100 米街区尺度。该城也采用新能源，水、垃圾进入生态循环系统。有环境友好型的电能，并从系统的整体来考虑。新能源应用沼气，从污水处理中提取沼气，并用于巴士和轿车中。城市中的 1000 个沼气供应站提供燃气等。雨水经过沉淀再流入湖中。屋顶绿化用于收集、蓄含的雨水同时也作为景观用水。在垃圾处理上，分有害的和无害的，总之区分二类，无用变为有用。有机垃圾被送到堆肥厂，易燃垃圾送至电热厂。此外还提倡土地净化和合理用材，这也是环境保护的一种重要手段。关于交通，即公交与轻轨联系城市的各个节点。经验告诉我们新的城市要以实现低碳为目标。在资源利用上要把过去的粗放型变为今天的集约型，以混合的土地利用来替代。在市政设施方面，要把过去的末端处理调整为资源利用和环境综合一体的思维模式。无论是垃圾利用、能源自给还是水的循环利用，采用环境综合一体的思维模式重构城市生态系统中物质代谢的方式，寻求资源能源的充分利用，同时将环境破坏降至最小。而环境的评估工具的开发利用是在规划的全过程中推动和检验技术创新的实效。

（4）芬兰赫尔辛基试验新区

芬兰赫尔辛基试验新区也是一个有价值的案例。该区距城市 8 公里，由自然开发区和科学园区及商业服务设施共同组成。其占地 1132 公顷，拥有居民 13 000 人。建成面积达到 108.43 平方公里，其总体规划依照赫尔辛基所沿用的人均绿色土地来切割，分成几个组团，并预留用地。道路前为内院，而到达各家又要通过内院。采用步行系统通向各家，建筑布置灵活多变，尽量避免有所遮挡。主张集约使用人工能源，尽量使用生态能源，通过小气候来改善减少建筑的热能耗。选用各种节能的材料和器皿。将太阳能和建筑尽量结合在一起，充分利用太阳能。在水处理方面，注重地下水的水平衡，重视废弃物的回收，设立有组织的回收中心。在交通组织上有合理的人车分流和充分必要的停车位等等。

综上所述，在北欧考察低碳社区可以粗略归纳为以下几点：

一是改变观念、转换思想，传统的建筑学只就建筑及其周围而论建筑，我们要在此基础上想到生态及其相关。我们应在此基础上研究人口生存生活所必需的种种条件，特别要研究全球气候变化、节能减排，考虑气候变化及人类在发展过程中过量的消耗资源造成的废弃排放。这是全球性的问题，但是发展中国家要承担更多的责任。

二是我国人口众多，可使用土地逐渐减少，大多数城市都经历了历史的转变。我们研究的不是几万、几十万人的事，而是几百万、几千万人的事。我们的大局是发展，但要注重控制和保护，充分利用各种条件的能源，比如风能、太阳能、湖泊发电、废弃沼气等，节约人工能源。

三是学习先进的经验必须结合中国的实际情况。在转型中把粗犷型转化为集约型。我们提倡整体的宜居的建筑学，我们讲的首先是大环境，系统地、有序地，把工作一步步做好，形成可持续发展的序列。

四是我们既要让水源、饮水达到完全的清洁水，处理好城市和乡村的垃圾和废弃物，变废为宝，达到零排放，要采取措施净化被污染的水系，尽量保护土地，也要尽可能地城乡一体化、城乡融合。

五是我们要开展绿色交通，大城市充分利用轻轨和轨道交通、绿色交通，尽可能地逐步减少小汽车的尾气排放，并十分注重人车分流，使交通便捷而绿色化。

六是我们要注重城市绿地系统的规划和设计，注重植物配置，使空气新鲜，注重小气候和微小气候对人体的影响。我国是一个多山的国家，要注重山地绿化，并注重治沙。

我们任重道远。

环境、城市、建筑美学要植入生态的观念、绿色的观念，使之产生一种环境美、绿色美，达到一种新的天人合一的境地。

2.6 设计城镇一
Town Design I

1950 年代，我有机会阅读了英国著名建筑师吉伯德所著的 *Town Design* 及 *Town and Village Design* 两本书，作者是第二次世界大战后英国卫星城的设计者。从总图到建筑住宅直至镇中心，他运用先进的理念，使人车分流，合理地安排停车及组织公共福利空间。他的设计理念和方法给我留下了深刻的印象，这是我研究城市设计的开始。

1958 年我到盐城，做了环城镇的农庄设计，就用了吉伯德的空间组合的理论，我的文章发表于1959年的《建筑学报》上。实际上城市设计是一种空间组合。1960 年代我在马鞍山市做城市设计研究，研究了该城市的发展，从日寇占领的第一小港到城市修建的基础设施及以后建的亚洲第二大轮箍厂，并作了变化图，是为研究城市形态的雏形，当时也曾设计一个住宅街坊，惜乎"文化大革命"开始，就终止了。我是一个喜欢实践的人，总认为实践可以检验自己的理论和设计。

我带着研究生撰写《城市建筑》，其实质也就是对城市设计的研究，我指导最早的博士论文《现代城市设计方法及其应用研究》也是针对城市的设计。城市设计不是什么新鲜的事，自古有之，秦朝的阿房宫就是一种群体设计，虽然已被烧毁，只是后人描述而已。传统的古代建筑群有众多的典范，如北京的明清故宫、天坛充分表现了天人合一的思想，其构思与实现，都是一种精神形态的表现。山东曲阜的孔庙从棂星门开始一直到奎文阁、大成殿、寝殿是一串空间程序，一种城市设计。中国的传统园林，如苏州古典园林及扬州古典园林，是一种景园设计（Landscape Design），从住宅延伸的园林和寺庙园林，也很出色。在西方，那么多的优秀广场，意大利的圣马可广场、西西里广场，也是城市设计。以古希腊雅典卫城为例，历经沧桑，在山门可见到残破的帕提农神庙，其侧是伊瑞克提翁神庙，组组是时间上、空间上的叠加，壮丽而神圣。再如俄罗斯彼得堡入海口处的海军部大楼的群组也十分壮观，莫斯科的红场由诸多建筑及群体叠加而成。可见群体是经历时间空间的磨砺才作出了优秀作品。惜乎而今所谓从事城市设计的建筑师难以去做到它。

"轴"、"核"、"群"、"架"、"皮"五个城市设计要素，相互渗透，核中有轴，核又是一小群组，且有界面，互相融合。城市设计可以叠加，在不同时段都可以参与，如前述的圣马可广场就是在不同时段中叠加而成，不同时段都要符合前一段的环境，才能取得好的精品。再有不同时段中风格要和谐，如莫斯科的红场，后者在体形、色彩与前者协调。后来者一定要尊重前者。现实中也有对比的统一，如北京的国家大剧院与人民大会堂，两者属于完全不相同的风格，但注意了尺度，并在剧院周围设置了水面，现在看来只能说是权宜的方法（图2-6-1）。又如天坛周围盖了高层，幸而高层住宅是为整齐有序，又间隔了绿化，就协调了。

城市设计有以下几种：

（1）历史形成的建筑群，如上述，还有寺庙、园林，具有统一的风格，表现了那个时代的群体。

图 2-6-1 国家大剧院与人民大会堂

（2）指导性的城市设计，如许多城市建设商业街、城市中心，要有模型、大沙盘等等，实施时仍要做好单体建筑设计，某些城市花了大价钱做一个大模型，也算是它的"业绩"，这种设计也是指导性的。

（3）有大量投资的建筑群，在短时间内即能实施，如东南大学在南京九龙湖，有规划有设计，一年多就建成了。

（4）设计一幢建筑能充分考虑其环境和建筑群，这幢建筑也算是城市设计的一种，如列宁墓，是谓研究环境下的建筑设计。

现实社会中城市建设由于投资渠道不一，规模大小不一，见缝插针，使城市的旧区更加混乱，这是十分遗憾的。事实可见，国家投了大量资金却没有有序的建设，人说"细节决定一切"，那么我们要在细节上下工夫。

我们讲宜居，很重要的一点就是要整合，讲整体，讲有序。在国家建设规范中有城市的规划总图，远景的，近期的，还有相关的工程设施规划，如供水、排水、供电、供气等等。进一步有详细规划、修建性详细规划，相当于城市设计，城市设计并未列入国家法规条例，有人认为它是总图和详细规划之间的中介，也有人认为详细规划即是城市设计。

我们现代的城市化发展过快，从城市面貌中可以看到：高楼林立，龙飞凤舞，废气排放，污染严重，布局散乱，缺乏整合的现象，虽有规划，但房产纷乱，虽有领导指点，但仍有城市病症。

2.7 设计城镇二
Town Design II

城市设计是一种实践，是一种预测，也有种种矛盾，这种矛盾出于政府的政策，出于某些领导的意志，出于形制，出于控制，再有制度大大影响城市设计的良性实施。城市设计有许多优秀实例，但也有许许多多实施的弊病。有正有反，我们需要认识，要剖析，这样才能获得真实。

首先，就城市建设的项目而言。我亲身经历设计鼓楼邮政大楼时，不知道旁边还要建设鼓楼医院的门诊楼，也不知鼓楼医院要建设急救中心，及以后的 22 层外科大楼，最后也不知道还要建设现在的新医院的综合大楼（我主持评审），有幸的是都把握在同一设计人的手上。中山东路一侧一排三座高层也是我们设计，最后建设紫峰大厦，有 450 米高，是全城最高的建筑，这一群组建筑大体把握住了，形成了一个整体。可见不可预见的建设，关键在于规划管理者的把握，这才有可能达到有序，但城市的整体很难把控。可控制和不可控制的城市设计。

其次，就政府的管理与单位所有制的关系而言。现在不少城市的土地为单位所有，特别是军事单位，所以城市街道、广场要形成连续性和有序性，有一定困难，各单位有各单位的利益，城市要整合就难了。例如南京市某中学，历史名校，而前面的教育学院是为原学校用地。四周的蚕食，使中学这块美丽的建筑，大为逊色。

第三，房地产开发的土地与城市规划之间的矛盾。房地产开发的土地都是"挂牌竞标"，而得了土地就封闭建设，围上大院子，门上建了古典西洋的"苑"，由安保、后勤人员把守，形成了一个封闭的大院，自我管理，是一个小小的王国，损害了城市规划的整体性。

第四，独立大单位，如医院、学校，又在其内建了不少违章建筑，即使查出来也不了了之。而且形成了一个单位三套管理，如目前高校主要建筑由学校管理，次要建筑由后勤部门管理，而搭建建筑由修缮科管理，我在几个大学都看到这种现象。当然在英国也看到这种现象，一位建筑师的家，由于房子不够住，就在高 1.2 米矮墙下，按地建屋，为他的女儿设置琴房，岂不怪异。

还有，城市没有控高，在中心区建高层，地下停车场设置远远不足，致使相关街道停满了小汽车，单位内又充塞了小汽车，政府难以统一管理。

总之我们现在所谓的城市设计，没有快车、慢车道，甚至是开了大笑话，将干道也作为单行线，这多浪费汽油。殊不知纽约的方格子路仅 70 米，可以做单行线。我们中小学用地，一时因经费不足，出卖用地，在用地上建起城市建筑，甚至学生的运动场地也没有了。当然现在已经过治理，但也是个悲剧。我们每天只是看到了看得见的城市，却见不到看不见的城市。高喊城市设计的专家们，你们看到蚕食专用地、蚕食内部又圈地有何感？有的城市本来是宜居的，后来又不宜居了，这叫倒行逆施。我想城市设计者下到基层，深入调查这就好了。

我们的城市病，有的已成顽疾，有的小病不治成大病，要引起我们的关注。

2.8 设计城镇三
Town Design III

农村地处广阔，有山地、山丘、滨水，有少数民族的，有发达地区的，也有欠发达地区、贫困地区的。不同地区有不同层次，其规划设计应有不同的对待。人口密集地区，每人仅几分地，而远郊或欠发达地区则有较多的土地。镇为最下管理机构，再下为自然聚集的自然村。

自然条件下有干旱地带、沙漠地带和江南水乡地区，人称江南水乡是鱼米之乡。举太湖流域村落形态的实例来剖析。

（1）镇。镇是城市的基层行政机构，古代《吴越春秋》说："筑城以卫君，造郭以守民，此城郭之始也。"在以后是为日常生活、商业、社交的场所。由于太湖流域农业、手工业、商业发达，集聚了许多乡镇。地域的开发也带来了城镇的发展，最出名的有周庄、同里、黎里、乌镇等，是一批较好的古镇。

（2）水。这些古镇沿水而建，沿河有台阶可以停船，也可进入家门，它与水有血脉的联系（图2-8-1）。其形态呈现出自由而含蓄、朴素而雅致的整体风格，其另一面则是宽狭不一的自由的有时弯曲的街道。它们由自然环境，如河流、湖泊、田地、山地、植被、林地组成。人造景观有建筑及其相关要素，如院落、植物、假山、桥、小广场及节点、堆地、河岸、埠头、绿化、树木、花草，这是基本形态。建筑以间、开间计，组合成院落，色彩则用白墙黛瓦和栗壳色的门和窗。门墙则有砖雕，屋脊也有其特色。这一切都影响了人的行为心理。

（3）间。间和院的空间组合是镇中住宅的基本要素，间院之间的分隔则用马头山墙，间以中国传统举架来组合（图2-8-2），一边可以是河，而另一边可以有背弄穿透南北，多"进"则组成家庭及家族（图2-8-3）。由于用地及水系的宽狭因素，所以组织街巷要有序。间、院是基本的，研究间就要研究院，进而研究"进"，这是一组空间的串联。

图2-8-1 苏州同里古镇

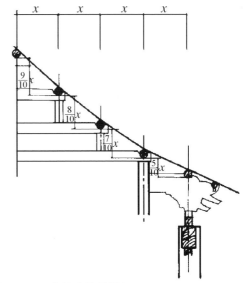

图2-8-2 传统木构的举架

（4）序。可以分为若干部分，入口有水，台阶有斜边、直边等做法，进屋有一进、二进、三进，有堂屋，也有住所。住宅的楼梯相对比较简单，多用直上的、陡坡的楼梯上二层。复杂的住宅、大户人家的序列，是为埠头—门屋—院—茶厅—院—正厅—院—大堂—院—小堂屋—后院，两边有厨房和杂物间。如以屋数来分，有大宅、上宅下房。一系列的序可以形成商业街，是为 Shopping Street，不论"十"字形、"T"字形都可以组合成一个小广场或交叉口。街道最狭的 4 米宽，宽者 7~20 米不等，这些街道宽度对汽车交通是不利的，所以后来为了开辟城市道路就拆去其一半住宅。

（5）架。即是镇的路网和水系组成，也即镇上的道路网和水网，这是太湖地区乡镇的最大特色（图 2-8-4）。某种意义有"水广场"和陆地上的广场。在意大利威尼斯水城中有许多美丽的水广场，太湖地区也有绮丽的水广场。大一点的广场有旗杆，有停船的泊位。有水就有桥，同里镇有双桥、三桥，这都是重要的景观。意大利威尼斯有廊桥，同样在东方亦有壮丽的桥，有单孔，也有三孔，还有多孔的石板桥，现今保护起来了。威尼斯的桥引起了众多的画家作画，同样在周庄，中国画家陈逸飞也作画，他的画成为国家的礼品（图 2-8-5）。桥上桥下都有小广场，同时沿着水面也有廊道。

（6）群。整体的镇是个群，群有极丰富的界面，有水的界面，廊道的界面，也有街巷的界面。建筑单体的凹凸，使街巷富有层次，其变化、造型是极其丰富的，街巷中也有入口的空架。组合群有丰富的细节，"细节决定一切"。所以群的整体由许许多多的细节组成，如门的砖雕，院内的柱础、基石有多种形式，大堂的门板、窗格也有多种变形，桥拱的垂石、题字，都丰富了桥的意义。存在就有意义，那么众多的细部大大地增强群体的意义。如果说路和水系组成了构架，那么群也富有层次地改变了景观。模式的变换使群更有意义，群的空

图 2-8-3　苏州古建筑
（图片来源：谭颖．苏州地区城镇形态演化研究：［博士学位论文］．南京：东南大学，2004）

图 2-8-4　太湖地区乡镇的最大特色

图 2-8-5　陈逸飞画作《周庄》

间可以互相渗透，木结构的组合最富有空间的流动性。水和街的"L"形、"T"形最富有表现，丰富多变的架、皮空间，同时也丰富了群的空间组合。

城市的发展，人口的集聚，城镇的改造、更新、再生是不可避免的。改革开放之初，乡镇企业有大的发展，成为一时经济总量的半边天。现代城市的汽车交通要引入乡镇，同里镇架桥进镇，黎里也建立了跨水桥，这都损害了古镇的保护。加上古镇要修缮，要花一定的资金，资金从何而来，也是一个值得思考的问题。对传统古镇应当是"修旧如旧"，改造、改善、控制相结合。我到过陵泽镇，那儿一半拆除，一半保护，变成"阴阳头"。当前正处于转型阶段，怎样把乡镇企业转化为集约型，提升产业的品质，都是摆在我们面前的研究课题。种种矛盾要我们去解决。我们可以用多种方式去分析，如用类型学的观点分类分析，也可以用形态学来动态分析。再就是防火问题，消防是大问题。现代设备中有水、电、气，怎样改善旧房也是我们要去思考和实施的。群体某些部分的更新都是要思考的问题。

建设好我们的乡镇是我们在"三农"问题上的重要问题，拆村并镇，要科学地对待，要注重现代化的乡镇建设，注重人口的决策，注重土地的合理性，更要注重农民的利益，尽可能减少房地产商的不合理的利润，用行政手段加以控制。我们要有整体的宜居观，在传承、转化的基础上创新，以达到新的风貌。

2.9 设计城镇四——城市道路
Town Design IV—Urban Artery

1）苏州干将路

由于新区和工业园区都开放发展，古苏州必将打通，且具有苏州传统建筑风味。苏州干将路路宽 50 米，中间有条小河，宽约 8 ~ 12 米。我和同伴们在控高 24 米的情况下做好了造型及界面设计，这一段约 8.7 米，历经 10 年时间建成。

干将路联系苏州古观前街，是为步行广场，中间段留出公共小型广场，由于原用地在中间密集，两端略大，所以在空间组织上有牌坊、亭、廊等小品，建成后，带有苏州地方传统的风格（图 2-9-1、图 2-9-2）。

2）常州延陵东路

在常州有一条延陵东路和一条延陵西路，相互贯通。延陵西路、东路均有规划。延陵西路有规划也有城市设计，但修建时，各设计单位以自己的单体设计来进行，其结果仍然是混乱的，而延陵东路从城市设计到建筑设计都由甲方委托我们来做，"一支笔"，所以风格统一，且保留原有传统建筑，获得好的效果（图 2-9-3、图 2-9-4）。

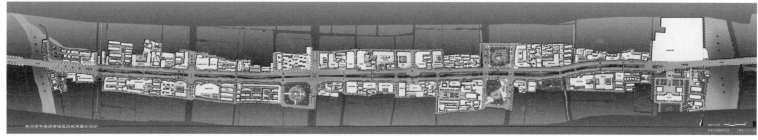

图 2-9-1　苏州干将路城市设计 1

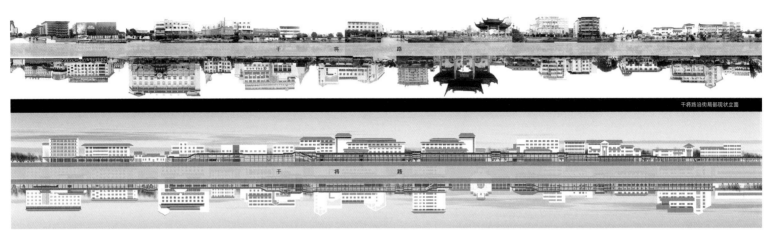

图 2-9-2　苏州干将路城市设计 2

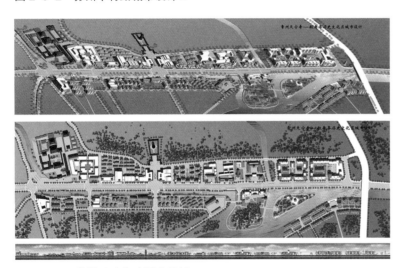

图 2-9-3　常州延陵东路城市设计 1

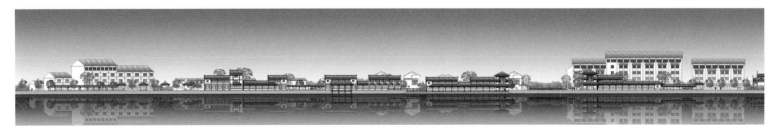

图 2-9-4　常州延陵东路城市设计 2

2.10 城市与建筑艺术一
City and the Art of Architecture I

城市和建筑都有审美特征，给人以美的感受，"适用、经济、美观"首先是适用，在经济的条件下存在一个美观问题。可以认为：

美在整体。整体的城市如传统北京城，我们登高望远，中央是故宫，金黄色琉璃瓦，层层抬高，而周围则是一片绿色的树木长在四合院中，它衬托出中心位置。

美在有机。即建筑群的相互关系，既和谐一致，又有突出的美丽的建筑。

美在技术。技术本身是力的反映，科学合理就是美的，人体美就是人的骨骼和肌肉，密切相关，构成了美。

美在材质。正好比人的皮肤，建筑表面的砖、混凝土、石板等，其质地都反映建筑的特征。

美在自然。自然就想到绿色，想到山山水水，绿化、树木给人们一种愉悦感，保护林木，保护自然，因为它给人们以心理美。

美在秩序。植物的树叶是对生、互生的有序生长，行道树一排排列在路边，那么有序，这是美的连续。有序有有序的美，无序而有韵律的美。序，反映了均衡，世上一切都在均衡之中、平衡之中、稳定之中。

最后美在形体及其风格。形体风格是各时代、各国家和民族在一个时段所形成的风格，它由政治、经济、科技、文化、习俗等多种原因而形成。应当说有的风格随着时代而消失，如西夏王朝，只能见到它的墓冢，又如小小的溪流有的断流，有的汇入大江，则绵绵不断成为主流。风格是可以变化的，将其

融入建筑文化中，得到持续发展。强势文化总向弱势文化倾斜，有的消失，有的融合进去。半殖民地半封建社会的中国，以上海外滩为例，既有西方元素又有中国的大屋顶，奇形怪状。风格在一个大国总是表现强势文化。在改革开放时代，引进外来文化时，是以其多元性而出现的。在一个地区，当风格一旦形成，就有它相对的传承性。中国的传统古建筑连续着千百年，两坡顶已成定式，还有庑殿、歇山、悬山。大江南北传统的住宅都以一层或二层形成了四合院式，在云南一带称一颗印（图2-10-1）。当城市人口增加，这种四合院很快被打破了，开始被拆除。解放初期，进行拆建，因要利用原有基础设施及相应的管网，于是产生了"见缝插针"的现象。待到改革开放，经济要向前发展时，人们心目中又产生了一种"求富"、"求阔"的现象，于是大、中、小城市又建了一批"洋古典"，出现了西方的山花、雕像、栏杆等（图2-10-2），人们谓之"多元化"。其实在经济转变时，观念也随之而变，那就有一种传统与现代

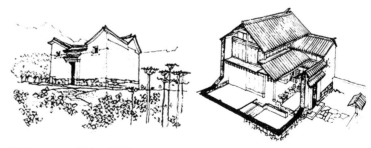

图 2-10-1　云南一颗印

图 2-10-2 当代安徽民居

建筑，及中间的"新古典"的多元形式，可见观念对建筑样式的变化多么重要。这里不妨称之为"观念的建筑"。开发区的出现，如科技园、工业园，可视为"圈地"运动，用土地拍卖的收入作为国家的收入之一，包括国家中央和地方的税收。

古埃及的陵墓金字塔至今令人印象深刻，最简单的金字塔形，让人永远记住古埃及法老的陵墓。卡纳克神庙，其柱头花瓣形至今也有沿用，北京的人民大会堂的柱头形式与其相似。到了希腊、罗马时代，已有塔司干（Tuscan）、多立克（Doric）、爱奥尼克（Ionic)、科林斯（Corinthian）、混合（Composite）五种柱式，俗称五柱式。待到文艺复兴时期更加规范化，一派称之为维尼奥拉（Vignola），一派称之为帕拉帝奥（Palladio），其有同一源头。柱头顶着山花，山花内刻着高浮雕，栩栩如生。这些柱廊、拱、穹顶，成为西方建筑的标志。希腊雅典的帕提农神庙最有盛名，匠人们已开始注重柱式的开间和柱边的侧角。到了罗马形成了山花（Pediment），及檐部、柱式和基座的三段式。文艺复兴的人文主义则把它利用到极致，功能增加了，但形式得到适时的运用。钢筋混凝土出现了，可塑性增强，于是可以建高层建筑和超高层建筑。此期虽然新的技术和内容不断变更，但却套上原有形式的帽子。即内容变了，原有的形式是套在新的技术和内容空间的外套。所以历史上走过了一段折中主义和复古主义的道路。19 世纪末 20 世纪初，工业革命时期，新建筑流派开始出现，他们打破了传统的做法，建筑更适应人们的需求。我们到欧洲参观和考察，可以看到如意大利的佛罗伦萨教堂、万神庙，法国的巴黎圣母院，梵蒂冈的圣彼得教堂，英国伦敦的圣保罗教堂，及德国的科隆教堂，几乎是同一个时段的建筑其风格也会有差异性，这也是一种多元化，只不过时代不同而已。同一形制，在各地区也有不同的风格，我们必须从历史的辩证去看问题。

关于城市艺术国外有一本著名的书 *Arts of Building City*。当时正处于城市

图 2-10-3　协和广场

交通演进的时代，轨道交通穿越历史性广场。令人迷恋的中世纪广场，以教堂为中心，是人们集会的场所。而威尼斯的圣马可广场和罗马的西诺利亚广场，有诸多的视觉中心，布置的塔楼也成为视觉的中心，广场的围合有明确的界面。在欧洲因气候温和，人们把广场当做户外活动的客厅。西诺里广场有高大的亭廊，我国的廊是不能与之相比的。我曾作过写生，可以看到大卫像以及转角处白色大理石的雕像，显出它的阴暗面，衬托着雕像无比神奇。在巴黎17—18 世纪的"协和广场"，因广场大，四角各有 4 对雕像，中间有拿破仑从古埃及掠夺来的方尖碑，有喷泉，由于交通左右串行，使得广场的封闭感大大减少（图 2-10-3）。广场与建筑要有最好的比例，如凡多姆广场中间独立纪念柱站立着的拿破仑铜像。巴黎有诸多广场，其中的巴士底狱广场，一侧有卡洛斯设计的剧院，但比例失调，不是个好例子（图 2-10-4）。可见广场最理想的是步行广场，比较人性化。第二次大战后英国著名城市设计师吉伯德设计的哈罗斯城（Harlow New Town）就是将人行、车行分开。做到这一点是困难的。瑞典奥斯特的市政大厅，近海边，把广场和市政厅的柱廊内庭结合，使广场贯通，这是一座壮丽的建筑和广场艺术。

图 2-10-4　巴士底狱广场

再有研究传统广场时，塔楼的位置是重要的，一般放在其拐角，成为透视的交点，再即是放在建筑断开的一端。这些我们都要注意。在俄罗斯也有一些经典的群体的艺术处理，一是莫斯科的红场，列宁安葬地，列宁墓与背后的塔楼匹配，且用红色花岗石，比例协调（图 2-10-5），还有与克里姆林宫的中国墙也协调，广场呈不规则形，许多重大的检阅都在这儿进行；二是彼得堡的海军部大厦和商贸楼，纪念柱在形体、高度、尺度上都处理得十分得体，是一组优秀的作品（图 2-10-6）。

在美国华盛顿国家广场以华盛顿纪念碑为中心，长长的水池浅浅的，宜

图 2-10-5　莫斯科红场

图2-10-6 俄罗斯彼得堡一角

图2-10-7 林肯纪念堂

人的尺度直通林肯纪念堂，庄严而肃穆。纪念堂的古希腊柱式横向布置，中间坐着林肯坐像，是一处新古典的群体，造型艺术较高（图2-10-7）。纪念碑成为环境中的标志物，遥遥相对的则是一幢幢的展览馆和纪念馆。其边上有埋入地下的美国越南战争纪念墙，墙上雕刻死难者的名字，富有创意而且利用环境，这是不损害地面建筑物视觉的一种做法。1897年古巴推翻了西班牙的统治，宣告独立，为庆祝脱离殖民统治和纪念英烈，1962年建成独立纪念牌，其设计极富创意。第二次大战后为了纪念战争或死难者事迹，都不再采用古典手法设计，如意大利的纪念碑，用抽象的寓意来解决。思维的跨越带来了手法的转换，传统手法大大改变了。在德国柏林建造红军纪念碑，以一个孩子为主题，表现了红军的英雄气概。再有为纪念伏尔加格勒保卫战，一场苏德战争的生死战，在玛雅高地建立一群高浮雕，表达苏联红军在各种条件下的斗争，同时还在山顶上竖起了106米高的妇女英雄像，巨大的雕像手执利剑向敌人杀去，激动人心。莫斯科保卫战的纪念群也有巨大的尺度，用大幅油画和纪念空间来表达战争的场景。在战后的年代，出现大批的优秀纪念性建筑作品。

在东方的中国，从历史记载上看，其建筑风格早在秦汉已成体系。从文字记载可知秦国的阿房宫灿烂辉煌，汉初萧何曾说：非华丽、壮观不足以显威严，可见当年的宫殿都是宏大的。也可以想象历朝都有许多豪华宫殿和巨大的殿堂，惜乎却被历朝的战火毁之一炬。日本的东大寺大殿是现存日本最大的庙堂，其尺度之大甚为可观。

现存的称得上高水平艺术作品的建筑群，在北京当为明清故宫，从天安门、午门、太和门、太和殿、中和殿、保和殿，直至后宫，出后门达景山再到钟楼、鼓楼是世界最长的轴线，加上箭楼、前门，长度堪称世界之最。它壮丽而雄伟，有高有低，波浪似的向城市展开，1949年解放后又修建了500米×800米的天安门广场,建立人民英雄纪念碑,前面有毛主席题词"人民英雄永垂不朽",而后面为周恩来总理所题的碑文。纵长的轴线,最高位是太和殿,再即是祈年殿。祈年殿用作每年帝王祭天,围墙方形,宝顶宝蓝色,圆形,象征着天圆地方,其比例甚为合理,从长堤上走过可以到达环穹宇,至三层的天坛。一种天人合一,象征天地之伟大,至今应为世界精品(图2-10-8)。在山东曲阜的孔庙,也是优秀建筑。古代的景园建筑遗存不多,我们可以从山水画中寻找,亭台楼阁于长卷中,有的见于实例,却也是画家之理想。宋朝《清明上河图》描写开封的市井世俗社会生活,有城墙,有十字街头,也有桥上桥下行人及商业活动,描画得惟妙惟肖(图2-10-9),当然还有许多室内的画,反映当时的仕官生活。山水画中可找到历史上人们对景园建筑的理想,也可看出出世的田园野趣,它们犹如历史的画卷。群体中结合自然当受人称道,明孝陵、明故宫,是我国陵寝建筑中最杰出的范例,它依势从下马坊,沿着山坡到四方亭,见到8米高的石碑,再延伸到陵墓。想当年是了不起的作品(图2-10-10),惜乎后来被中山陵的大道所打断。谭延闿墓虽小,却是完整的。这称之为美在自然,也美在秩序。随着人们的行进也有韵律感和节奏感。

　　近代的建筑群,最壮观的当称吕彦直先生设计的中山陵,伟大而壮丽,而音乐台、谭延闿墓则可谓依山势而就,不失为杨廷宝先生的精品。园林绿化融为一体,宜人的尺度,特别是用朴实的材质,塑造了美丽的环境。这样我们暂时搁笔,回到建筑美这一题目上来。一个作品的完美,不论是古是今都以整体而称道,经历时间的考验,虽然后人不断在群体用加法,或减法,都能适应环境而成为有艺术品位的建筑。树林、花木、小品是群体不可分割的,它要与之有机结合,即空间能吸入建筑中来。而技术的进步是建造的支撑,它与所使用的材料紧紧结合在一起,无形中给人们从视觉到触觉的一种感受。

图 2-10-8　北京天坛祈年殿

图 2-10-9　《清明上河图》(局部)

图 2-10-10　南京明孝陵

2.11 城市与建筑艺术二
City and the Art of Architecture II

城市的艺术中，我们要注重广场的艺术。当今城市广场多和交通车道混合，没有封闭感，没有宁静的地方。一般我们将这种混杂的广场称为 Square，即车道的交通地。而商贸中心置于交叉口的一侧，要设地下道。

沿街的群体分布成"带状"，建筑联排布置，要注重联排建筑之间的关系，前后的凹凸切不可造成界面不清，或呈现半弧状态，应当是整体的设计，而不是建筑各行其是。我们在设计城市界面时要处理好广告的设施，广告设计一定要整合，不是各家突出自己，造成街面景观的混乱。所以说城市的管治十分紧要。在海边沙滩面向海边的建筑（多层或高层），都要有更多可观望的海景。建筑群的设计要注重城市设计的技巧问题，这也是一种手法。某种意义上，大的体形决定后，细部是关键，"细部决定一切"，不是没有道理的。

住宅群体的设计，有成片的有节奏的布置，也有高低错落的组合。先是设计住宅区内部的支路，再是组织好群体，不使街区相互看透，更不允许车辆对穿通行。小区中心要注意停车位置的设计，更要注重公共建筑的空间组合，使之有序、有韵。

城市中心，有行政中心和商贸中心，要注重内部空间的关系。现代交通中的停车问题很重要，现代城市设计没有比交通、停车更重要的了。

城市设计艺术中次空间的设计，即存在有意义和无意义的设计，有如小品、草皮、灌木、坐椅、石凳、小亭、装饰品等等，同样注重其尺度、色泽和材质。

界面是我们进行创作设计时要研究的，建筑有四个面，从顶向下看又有第五立面。面和面之间有空隙 Gap，要注重连续性。城市建筑的界面是组织城市空间的重要手段，广场、内广场，使人有围合封闭感。南京中华门入口内的建筑是连续的，但可以改进，可以和城墙的关系更加紧密些。"封"是城市空间组合的必要手段，也是人们视觉的要求，建筑群的观赏，要做到有空间与空间感，考虑到人们活动的"动与静"的关系，即静的观赏和动的观赏，观赏的连续性，是一种全景的印象和反映。人们对建筑的记忆也是完整的记忆，才能对城市艺术和表现做得出评价。

现代的城市和建筑艺术要与绿色、低碳相结合，更要与交通、信息相结合，并以人为本，科学地整合、集聚、组织，是在传统基础上的改造、更新、再生，并吸取历史的教训，避免再犯过去的错误。

我们的建设应以相应的绿色设计来考虑。在我们的建筑表现中，虽然可以用非线形、大空间、预制工业化等手段，但我们要最大限度节能减排，减少 CO_2 的排放，且用可再生能源和我们的艺术表现结合起来。这都是崭新的课题。

关于审美和艺术评价，自人类有活动以来，随着时间的发展，各阶段都有各时期的艺术评价，其中有高有低。但作为人体，人们有大致相同的分析，例如我国少数民族的舞蹈、歌曲、京剧及地方戏剧，以及俄罗斯的民间歌唱等等，虽然有高雅的，有通俗的，但总会得到大众共同的喜欢，都有爱好者或歌迷追捧。音乐中、歌声中，喜怒哀乐，总能打动一批听众，这是一种共性的反映。又如绘画中的国画，渐渐地被世界认可和赞赏，以致得到承认。齐白石的画、张大千的画，甚至他们的印刻艺术作品也广泛流传。恩格斯曾将"音乐和建筑艺术放在同等重要的位置"，因它们最具有记忆，最富有情，最容易打动人们的心灵。现代建筑有些开始并不让人接受，但久而久之，被认作一种了不起的作品，可以感动人们的心灵。文学中的唐诗宋词，明清的小说，其情节都会感人至深。至于建筑，时间过去了，但还会让人感受到其动人的韵律、节奏，这是人性的表述。我们说"古为今用，洋为中用"，只要是存在，就有意义，就有价值。即使不存在，对它的描述也会给人一种智慧。建筑艺术的价值体系，某种意义上存在于对应物中，是客观存在的。一种天然的特质是，价值会被发现。创造价值就是创造对象，且是自律性的价值。艺术品是人们用自己的劳动造就的，且服务于使用功能，是人们劳动的表现、再现。而建筑是人们生存生活的地方，要人类付出巨大的劳动。建筑艺术的价值，还有不可复制的真实性。过去在郑州开发区，有人建造了一座朗香教堂，仿制的，但看了虽然像，却没有价值，若干年后就被拆掉了。这说明它的价值是虚无的。虽然一些城市建了一些仿古建筑，命名为"一条街"，但是只有使用价值，而缺乏艺术价值，这绝不是"文艺复兴"。审美价值一定要是真实的、时代的、

创新的。当然我们可以认为，仿古建筑在使用上有可以娱乐的价值，休憩的价值。我想一个建筑艺术品应该是：

（1）创作的对象要符合时代发展的需求，企求感染人们的心灵；

（2）创作者要具备建筑艺术的训练及感悟能力和智慧；

（3）它的表现能力要达到或超越时空，是时尚的又是超脱的，不会被时间的消逝而遗忘；

（4）要具备人文精神和创新，又是时代的一种新生；

（5）它充分利用地区的材料及新技术，并将之融于其中，相制宜相配套。

建筑不是装饰。

应当承认当今的现代城市建筑艺术是多元的、发展的和超越的，它包含着高技术、解构、构型和智能空间。

2.12 住宅工业化及其相关
Residential Industrialization and Its Related Issues

这里着重讨论建筑工业化，它要求从设计到施工直至工程交底都按计划进行，建筑的构配件能进行批量生产且定型化，这些构配件定型化，要有批量生产及持续生产的可能。

住宅的工业化在苏联就开始了，在1970年代就用整体大板来组合住宅建筑，用预制的卫生间来吊装。但在我国实施时由于冬天的结露，造成家庭内部潮湿而不耐用，后来又采用框架轻板等，一直在研究，近年各地区又在研究。根据生产地点不同，工业化的建造方式可分为工厂化建造和现场建造两种。

工厂化建造是指构配件定型生产装配的施工方式，按统一的标准定型设计，在工厂内成批生产各种构件，然后运到工地，在工地用机械化方式装配成房屋。装配式住宅，其优点在于构件工厂生产效率较高，质量好，不受季节性的影响，且现场施工速度快，它的缺点是一次性投资大，灵活性小，易使建筑单调，结构整体的稳定性差，抗震性差。日本采用现场节点现浇的方式，以加强其稳定性，取得了好的效果，被称为预制混凝土结构（PC），目前我国万科公司正在进行研究和改进，长沙远太住宅工业有限公司已开始运用国际最先进的PC构件进行工业化住宅生产。东南大学建筑学院正在研究轻质灵活的工业化建筑。

现场建造是指直接在现场制造，生产构件，但是整个过程仍采用工厂内通用的大型工具和生产管理标准。根据采用模板类型的不同，现场建造的工业化住宅有大模板住宅、滑升模板设计。采用工具式模板在现状以高度机械化的方式施工，取代了繁重的手工劳动。与预制装配方式相比，其优点是一次性投资少，对环境适应性强，建筑形式多样，结构性强，其缺点是现场用工量比预制装配式大，所用模板较多，施工易受季节的影响。总之在住宅群规模大的地区适宜用这种方式。

建筑工业化应从设计开始，从结构入手建立新型的结构体系，让大部分的建筑构件实行工厂化作业。一是要建立新型结构体系，减少现场施工作业。多层建筑应由传统的砖混结构向预制框架结构发展；高层和小高层建筑应由框架向剪力墙式钢结构方向发展。施工应从现场浇筑向预制构件、装配式方向发展；建筑构件以工厂化制作为主。二是加快施工新技术的研究发展力度，减少现场操作，积极推广。在推广的新技术基础上，提升部件装配化和施工机械化能力。在新型结构体系中应尽快推广钢结构建筑，应用预制混凝土装配式结构建筑，同时研究复合式结构建筑。在我国钢结构已经成熟，一批钢结构建筑已连续建成，相应的设计标准、施工质量验收规范已出台。钢结构建筑施工速度快，抗震性好，结构安全度高，在应用中优势日益突出。钢结构使用面积比钢筋混凝土使用面积高4%以上，工期大大缩短，有利于建筑工业化生产并促进冶金、建材、装饰等行业的发展，促进防火、防腐、节能、环保，符合国民经济的可持续发展。

目前大量混凝土结构都是现场浇筑的，不仅污染环境，制造噪声，而且增加工人劳动强度，难以保证工程质量，且建筑寿命有限，复合木结构可应用于大跨度建筑，还可用于农村建筑二层三层的别墅中，是为一种新型的结构形式之一，具有人性化和环保特点。针对树性生长的特点，应着力开发提升木材料的深加工技术，全方位地为农民提供植树的要求，这符合木结构的技术可持续发展。

建筑工业化是我国建筑业的发展方向，随着体制改革的不断深化，建筑规模的扩大，建筑业不但是支柱且是发展的方向。但我国是发展中的国家又是大国，发展不平衡，从落后的手工制作到砖混结构还将持续一个时期。我们可建设的土地也不多，但不宜将高层的板式、超高层作为我们的目标。在城市中，特别是大城市中是可以的，但小城市、农村就不宜再这样做了。在住房和用地的矛盾上，我们的认识也有不足的地方，如吸取底层高密度又采用工业化的手段。修订规范就完全有可能加速工业化的进程，期待这种研究不久的将来就能实现。

3　建筑形态与景园形态

Architectural Form and Garden Form

3.1 建筑形态与传承
Architectural Form and Inherit

建筑学是研究建筑物及其环境的科学。人类之初栖息于山洞或搭棚居住生活，他们的活动从住所到路径。到了奴隶社会有了剩余价值，建房以生活和工作，奴隶主建造宫殿而居中，奴隶住于四周。为了祭祀神灵，建造神庙，古埃及留下了古老的神庙如卡纳克神庙，已懂得用天窗采光，称 Clearstory，进门前高后低求得幽暗，以显神秘。古埃及人在人类历史上创造了第一批各种类型的巨型建筑，如门楼（Pylon）、神殿和宫殿。金字塔的陵墓是震撼全世界的建筑奇迹，大块石料重 2.5 吨，如何堆砌，至今仍是个待考证的问题。

早在公元前 4000 年古埃及人就开始探索利用投影、测绘绘制立面图和平面图，并以比例尺绘制建筑的总图、剖面图，公元前 16—前 11 世纪的图纸传至今日。

经过几千年的发展，建筑及形式、内容总是动态变化的，是一种形态，即 Form，研究其形态又称之为建筑形态学，Architectural Morphology，一般供我们使用的被称为建造物，称 Building，有时构筑物也称为 Building。人类有审美的要求，几乎所有建筑都有美的表现，在大英百科全书中称之为 Arts，属于艺术，所以我们要将房子与建筑分开。

古希腊是欧洲建筑文化的摇篮，希腊人有杰出的建筑才能，建造了大量优秀的建筑作品，以希腊神庙建筑群而言，其以端庄、典雅、匀称、秀美而见长，它的设计原则影响深远。雅典卫城的群体是典型的代表，帕提农神庙是瑰宝。但当时的建筑以神庙为主，类型不多。罗马帝国是个强盛的国家，强盛时跨越欧亚非三大洲。公元前 1 世纪建筑师维特鲁威所著的《建筑十书》是最早的建筑书。公元 220 年罗马建立相关学校。希腊、罗马时期建立了多立克、塔司干、科林斯、爱奥尼克、混合五柱式，它的形式影响了整个西方建筑。之后的拜占庭建筑形式用拱（Arc），为走廊的组合创造了条件。罗马时代用石拱建设了三层的输水道，也是世界的奇迹。中世纪哥特式的教堂，有拱架，由于宗教信仰追求神圣至高，为求得神圣，使技术、艺术和功能取得统一，在两侧又加上了防推力的飞扶壁，使建筑呈现垂直划分的特色。各地的哥特式建筑如法国、英国、德国亦有各自的特色，法国的巴黎圣母院是为代表，德国的科隆大教堂是最大的教堂。

14 世纪从意大利开始了文艺复兴，人们追求人权、自由和现实的人文主义并追求科学思想，在西方掀起了一股反教会的文化。这时在意大利威尼斯已建造了佛罗伦萨大教堂，拱顶建筑在西方流行。文艺复兴时匠人手艺传至建筑师之手，建筑创造繁荣，帕拉第奥和维尼奥拉都有总结建筑经验的书籍。直至 1773 年教育才由私塾转为学校，法国国家高等美术学院（Ecole National Superieure des Beaux Arts），这所学校经历了一次大战，又影响美国建筑教育，从古典转为新古典。美国宾夕法尼亚大学是当时中国老一辈建筑师学习的地方，其中有吕彦直、杨廷宝、童寯、梁思成、赵深、陈植等著名建筑师。他们是民国时期时建筑师的骨干，开始建立了中国建筑师学会，他们培养的学生成为新中国成立初期的骨干力量。

18世纪下半叶，英国开始的工业革命加速了资本主义进程和欧洲各国的城市化进程，各种类型的建筑开始兴建。200年的发展，出现了现代建筑，之前的洛可可、巴洛克的建筑是为历史。1865年的伦敦博览会后，开始进入真正的现代建筑时期，新的技术和新的材料——钢架、玻璃和混凝土运用到现代建筑的表现中，它简化了建筑的形式，打破了古典的过多装饰，适合广大百姓的需求。方匣子的建筑出现了，于是建筑形式开始趋同。第一次世界大战，使一批建筑师迁移至美国，新建筑开始席卷世界，这个时期各种现代建筑思潮影响到世界的各地建筑，可谓百家争鸣。美国建筑师如弗兰克·L.赖特（Frank L. Wright），强调地方特点；德国建筑师密斯·凡·德·罗强调钢结构，开始兴建高层建筑；世界博览会的设计者格罗皮乌斯，则将空间的划分和组合，发挥得淋漓尽致；包豪斯，及其相关建筑，造型简洁，表现技术和材料。它们以功能为基本，表现为首要，充分利用技术和材料，重视建筑与公众的关系，再有空间的组合与环境的相互联系，总之，建筑的发展大大向前推进一步。

在中国建筑以木建筑为主，封建社会中以开间为特点，以三开间、五开间、七开间为主体，在福建和少数民族地区也有少数的石料建筑。中国建筑以举架为体系，在建造中有自己的形制，而墙身则为砖式土坯。管理则设专门的职务。在宋代有专门的专著，李诚编著《营造法式》，民间则有《鲁班营造正式》，又分大木作和细部的小木作。其他传统相传的口诀是实施的关键。在半殖民地半封建社会的近80年中，西方建筑传入了中国，国外现代建筑多种多样，上海外滩表现最为明显，人称"八国联军"。在青岛受到德国式建筑影响，大连受俄国和日本的影响，哈尔滨又受西方新艺术活动等等的影响。它们的文化，最终汇入并与中国建筑风格融为一体。

建筑物似容器，空间有开放的也有封闭的，也有半开放半封闭的，建筑的一个面就有空间感，物体表示了室内感，建筑的内容可以是多种多样的，而表现形式也随着内容而变化。这都是我们所要强调的。

空间上分有单元空间、大空间、复合空间和排比空间，如机场的飞机库为大空间，住宅单元则为排比空间，多功能厅堂又为复合空间。

建筑的造型有线性、几何形，而新技术、新材料的可塑性，大悬挑，则可形成非线形，这样从时代观念上来看有梁柱时代、拱券时代、穹顶时代、钢筋混凝土时代、钢结构时代。钢筋混凝土和钢结构可以建造高层建筑，在现代建筑中形成动态变化是建筑特点之一。

从使用性质、功能性质来分，有工业建筑、仓库建筑、居住建筑、体育建筑、旅馆建筑、行政建筑、学校建筑、休憩建筑等等，它们分别为各自的功能服务。

我们要把握功能使用、技术经济、艺术表现三原则，也即适用、经济、美观的转化，也是实用、坚固、美观的原则。建筑是物质建设，是国民经济的重大投入，关系到国计民生。

中国地域广大，多气候带，如寒带、亚热带、温带，带来不同气候变化对建筑的要求。我国又是山地、山丘众多的国家，山地建筑、平地建筑、滨水城市也有各自的特点，所以因时因地制宜的原则是重要的。

建筑形态存在着它自己的特性。

首先是它有历史性，因为它是人类活动中巨大的物质财富，反映了经济体制、政治制度、人们的活动方式，是一种历史轨迹，人类历史上最重要的印记。人们制定各种规则保护它、纪念它、怀念它，所以又起着教育的作用。历史遗产的保护成为一门专门的学问。历史性同样表现为对文化的尊重，建筑文化对建筑形态研究至关重要。历史性要求传承，即继承历史，古为今用，洋为中用，传承有继承的含义。转化，即在新的基础上对待传承，因为创新要有过程，形态转变的过程，创新是本质的转变，这是我们时代发展的需要。

其次是综合性，建筑生长于环境之中，它占有土地，并与周边的建筑群体发生关系，树木与道路及相关的基础设施（上水、下水、电气、通讯等）是为环境的综合性和整体性。

设计一栋建筑需要和设备相关专业的水、电、气、预算经济等等相配合。除建筑设计外，还有结构、设备及概预算等整体互动、合作来完成设计，最后由施工单位实施，使用者再经过工作生活的适应，形成反馈。建筑虽是凝固的，但使用者各异，在使用过程中或因甲方改变改动，或因各人主观意见不同，即使同一类型，也会有大的或不同程度的改动。我参与设计的建筑因各种原因，有的被拆，有的改建得面目全非，只有少数建筑特别是纪念建筑保留较好，这也是由性质决定的，但也有领导为表现业绩所为。所以在设计过程中，理想的、好的建筑形态有自身的条件，还受人为的运行机制的影响，受政治的"力"、经济的"力"、社会的"力"、文化的"力"、习俗的"力"的诸力综合影响。最后还要有成熟的建筑师及其团队。

第三是功能性。建筑的功能性在上述中我们已有叙述，如旅馆要有客房、餐厅、厨房、门厅（用于接待、入住手续等），客房又分高级客房、套房、一般客房等，要有垂直交通的电梯、电梯厅及分层的管理等。体育馆要有比赛场，如篮球场、排球场、游泳池、看台、器具存储室、预赛的热身场，及各种比赛的场所等。这是大空间的设计。学校建筑则要有合理的总平面，有办公楼、教学楼、宿舍、运动场等，根据学校人数规模大小而有不同标准。商业建筑要有一定的开间和进深，如商场、百货公司、专卖店等。银行则要有营业厅、金库、管理、相关的储存空间等。医院建筑是公共建筑较为复杂的类型。一般中小医院有门诊、检查、分科、B超、X光、急救、等候等室，门诊一般与病房分开，病房楼则分普通病房、公共厕所、储藏室、垂直交通空间、电梯间、管理间、医务人员的办公室，还有值班室等。大医院还有专科分区等。再有消防问题，保证前后消防通道及前后疏散门的设置。工业建筑是城市建设中的重要组成部分，大型厂房可以单独也可以并排建设，内有吊车。而轻工业厂房，如制药厂则要求严格的洁净，药物检查要有更衣室，车间内又有洁净的保护间，生产要讲究流水线等等。

建筑门类众多，要求设计者管理者知识面要宽，要求他们在评判建筑设计方案时要有科学合理的理念，并作出科学的决定。他们要具备城市规划的知识，认识到"规划是整体的"，而更要注重"设计设计"。建筑师要多下工地，使具体设计在实践中真正地得到落实。下工地修改也是一种设计，设计师要十分注重技术进步，了解信息时代的计算机辅助设计和信息化数字技术，使设计的科学理念向前推进一步。

第四是技术性。对设计者来说要有"一切皆设计"的理念，使建筑与现状、环境、自然相结合，有机地组合空间，不断地滚动向前。技术支撑了建筑的构架，它的墙面、屋顶、地面和楼面的处理。墙面与结构物的关系又有多种做法和探索。建筑结构从平房的砖石、砖木，到多层的钢筋混凝土结构、钢结构走过了一个漫长的过程。当今最高的建筑是沙特阿拉伯迪拜建筑的迪拜塔，高828米。为了完成各种结构物，施工技术相当重要。技术和经济是分不开的，二者联系在一起。建筑实施过程中有众多"关系"，如木结构和钢筋混凝土结构、钢筋混凝土结构与钢筋混凝土结构、钢筋混凝土结构与钢结构的联系。这就要众多的方法去处理适应人们的宜居，这种关系的研究除了了解建筑结构，还要研究材料的质地、色彩，及它们的使用年限、坚固程度以及交接的关系，这门学问又称为建筑构造。目前有不少专业工厂，如玻璃门窗的预制、大片玻璃的预制等都有专门的工厂。这种分工是一种技术进步。当前节能减排已列在重要地位，所以在政府规范和条例中都有专门的规定，如地下室、消防措施等都有相应规则和措施。一部建筑发展史同时也是一部建筑技术史。

第五是艺术性。人们对接触和观赏的物件都有审美的要求，如人们的服饰、建筑的装修甚至建筑形体。形体是整体，有城市群，有建筑的正面、侧面、第五立面，也有光影和色彩，都涉及审美艺术，大到城市的轮廓线、侧影都有审美和标志性要求。历史地标是地标性、标志性的发展，有的消失了，离开人们的视线，有的残留成为遗址，有的发展了，成为一组组综合的标志。它是加法，有时是减法，美国纽约的侧影过去有世贸大厦两座双塔，但2001年9月11号被恐怖分子炸了，消失了，这个轮廓线就成为减法。而有的新兴城市则不断地成加法。城市美学，自古至今均有论述，不同的时代不同的地区，均有它自己独特的风格和风貌。

这总体表现为一种文化现象。人类活动在一个时代中有它精神的一面，我们社会主义的城市就是要求物质和精神的双赢。

建筑的历史告诉我们，每个历史阶段都有它们的时尚，建筑风格和人们的爱好和习惯相连，但现代建筑社会，由于科技和爱好，呈现雷同现象。但各地区又要表现自己地区的特点，呈现了多元化。所以提出地区的现代的新风格是我们所要追求的。

社会经济的发展离不开管理者和人们的政治、政策的管理，建设的经济性更反映了时代的政治性。

3.2 建筑形态与案例
Architectural Form and the Example

建筑设计的认知是实施建造的重要环节，设计功能指规模、性质、特点。地区对建筑有影响，即在自然环节的气候、地形地貌，城市环节包括城市中的建筑现状。建筑风格除受上述影响外应当是传承、转化和创新，创新是基本的目的性，转化是个过程，传承是基础。在现代技术高度发展下，建筑设计的构型从线性到非线性直至并存，线性中有非线性，非线性中有线性，二者互动。建筑形态已经达到前所未有的境地，强调了共性势必削弱了个性，不可知的因素加大，所以城市设计这个环节得到加强。城市及区域整体把握至为重要。绿色建筑技术应用在建筑设计的室内外，太阳能、风能的利用等都对建筑的设备产生影响。新技术、新材料也势必影响建筑风格。

高层建筑的出现，充分表现了建筑的个性，同一类型的建筑也会表现不同的形式，成为组成城市轮廓线的一部分。高层建筑的顶部和裙房为设计所关注的。整体结构，特别是钢结构，也成为构型的组成。上海的许多高层建筑即表现为这种特点。现代玻璃材料可以改善建筑的外形，人称光亮建筑，它给建筑带来光亮的美观和相互光影的渗透，但光污染也是城市污染之一，所以要慎用为宜。

大城市中（100万人口以上），地下空间的利用是必备的，城市的地下铁路、城市建筑的地下设备、防空和交通道，特别是地下停车场等都是一种复合利用。日本东京大阪，地下空间的利用十分充分，且分层，甚至有娱乐设施、地下喷水池等。

在全国各地，从北方的哈尔滨、长春、大连、济南、合肥到南方的南京、苏州、无锡、常州、淮安、镇江、福州、厦门、泉州、武夷山、东莞，到西部的昆明、拉萨、重庆、乌鲁木齐等地都有我们的设计作品。有我们在同一城市不同地点设计的不同风格的作品，如在南京三个纪念馆中就采用完全各异的构想和形式。雨花台烈士陵园群轴，设计由开放、封闭到半开放半封闭，轴长近1000米，在风格上用传统的白色屋顶，有人称这是折中主义，也有国外建筑师称这是中国的现代建筑；梅园新村周恩来纪念馆则与环境相结合，融入环境中去；而侵华日军南京大屠杀遇难同胞纪念馆，则是追求用"生"和"死"表达场地的场地精神。参观者说没有想到一个团队会在不同地点用不同的风格，而不是用自己的"符号"，可见**制宜是原则也是手段**，方法可以是多样的。

旧建筑的利用是设计者的一个重要方面，现今有两种手段，一种是"拆"，拆了建新的，这是拆了"低碳"建"高碳"。旧房可以改变使用性质，我在澳大利亚参观时看到了在塔斯马尼亚港口边的旧仓库改为建筑系大楼，学生在大空间中分层、分班上课，同样好用。以南京市1865工业园为例，原是个旧兵工厂，现在经过设计已变成商贸及其他活动的场所。

建筑设计是一项创作活动，它要研究环境及各种条件，而现代设计又是多工种的组合。设计的构思，不只是单向思维，且是多项思维，一种复合性思维。"悟"要有基础，要综合而整体地进行。大体思维有以下几种：

（1）功能思维。即以实用要求为主，如住宅和工业建筑、公共建筑等等。

（2）形象思维。即以某一形象为出发，并与实用相结合，如建筑从琴弦出发来作出设计，这种设计为直观式的想象，并不被认为是高雅的。有的小型公共建筑，如厦门的鼓浪屿的码头用琴的形象，因该岛是音乐之乡，也未尝不可，但用到大型歌剧院中就失调了。

（3）意境思维。多少带有点诗意，许多应用在风景建筑设计，如我们设计的福建长乐县的海螺塔等。

（4）意志思维。是指我们设计者的综合技术素质和艺术素质，如北京国家大剧院，用蛋形外壳罩住大剧院、小剧院及其他建筑，又如中央电视台的建筑，都是由建筑师的个人设想做出来的，有的得到人们的认可，但有些遭到质疑。

（5）仿生构思。多少有些仿生的概念，从自然生态中取题，也多用于风景建筑设计，例如用树根做风景区的大门。

以上五种只是粗略的分类，在实际中是相互作用的思维。在现实生活中设计师的创作和他的经历，他设计创作时的思维——即灵感有紧密的关系，与设计者平时的观察和学习、自己的思维能力有密切关系。

在祖国大地上，我们列举实例来说明。

1）哈尔滨阿城区金上京历史博物馆

金上京博物馆位于哈尔滨下属阿城区，该区内有历史文物古迹金朝的京城，有土坯墙，并有金太祖阿骨打的衣冠冢，其间有一条道路连通。翻开历史，金朝统一了东北，南侵北宋，且俘获"徽钦"二宗，迫使北宋南迁临安，而流传下来岳飞等名将抗金的故事，金最终为蒙古和南宋所灭。纪念馆用地在公路的右侧，东西向，金朝形制建筑朝向向东，并不向南。我们设计的入口为东向。金太祖的墓冢高13米，土遁外用矮墙，位于馆之西北。我们的设计主导思想是东连遗迹，由西向东为馆，进入门厅斜向能看到墓冢，距离约150米。金是好战的政权，后来金又融入宋文化，受宋制影响，发掘的金朝遗物有金俑、器皿等多种文物。为了创造一种空间序列，我们设计"义"字作为序列以示刀枪，使之有个过渡（Sequence），进入门厅可看到四座金朝统治者的铜像。中央有个中央厅，高12米，尊重墓冠的13米。大厅顶为铜制，中间是为四合院，西北向为斜线，使参观路线有一个顺序（逆时针），博物馆投资少，又富有纪念意义（图3-2-1）。

图 3-2-1　金上京历史博物馆

2）中国人民银行济南分行

银行有存贷、办公、取款等活动，其设计最重要的是它的大堂。金库的安全保卫也尤为重要，金库的外墙完全由混凝土墙封闭，入口处要有安检设施，周围还要有保卫人员的住所。这是不同于其他公共建筑的最大特点。再即是银行应有标志性形象。中国人民银行济南分行建筑总平面面向干道，呈"门"字形，按习惯安置了一对"洋狮子"，为了平衡场地风水，在东北角置假山石。造型上垂直划分，有银行的特质。中央大厅内，考虑到取得空间上的平衡，除有休息的坐椅外，大厅面向内庭园。金库外有回廊（图 3-2-2）。我们在南京也设计了一座银行（中国人民银行南京分行），对比之下，一座在城市干道的转角处，一为邻接街面，我们要考虑到城市的界面。

3）河南郑州河南博物院

河南省是文物大省，有众多的历史古文物，且有更多地下遗存物。历史古都中夏、商就在此建都城，且靠近开封，这一带加上洛阳，是为中原之气。在定谁来进行设计时有一段过程。原先要招标，但河南省有关领导看过我们团队设计过的纪念馆，派专人来南京一带考察，最后定下要有三个方案供河南省及相关专家研究。我们做了三个不同类型的设想，其一用一对弧形牌坊（现代的），内为大型空间展览，两侧为办公、储藏及相应的服务，是为最终被选中的现实施方案的雏形。之后又考察了历史上登封的天象台，对我们的设计有一定的启迪。经过专家们一天的论证决定用此方案，并要我修改。最终一座由金字塔形加上为开敞的"反斗"形的建筑，得到实施。施工图与河南省建筑设计院配合，审查过程也很艰难。因为它在形式上有创新，在造型上力求打破金字塔的形象，每层设高窗，四面墙屋面上用红色花岗石上附加了白色的"钉"，这是中国传统的"乳钉"，似"门钉"，增加了中国元素。总的讲设计是自如的，

图 3-2-2　中国人民银行济南分行

图 3-2-3　河南博物院

两侧的办公和相关配楼的屋檐的斜度都与主建筑的坡度逆反。

地段的特色是几近正方形，紧邻郑州的纬七路（支路为轴线），面向的农业路为干道。用地开敞，周边没有高层（当时未建对面高层），主体5座建筑，而周边共4座建筑，共9幢，"九鼎定中原"，"中原之气"，是为河南博物院的象征思维（图3-2-3）。

河南简称"豫"，即大象的意思，所以门房和室内概以此符号来元素化。室内的设计中纵长的过道直至大厅，序列的柱子上附上"象鼻"符号形成框，以引导观众进入大厅。综合的大型博物馆，功能多，加上有运输车进出，因此交通线路的组织尤为重要，仓库设在背后，墙上以"盾牌"为符号，意即保卫之意。本在总图中前布置广场水池，但考虑人群集散而取消，改在两侧设小型水池。中央大厅原想能直通天顶，结果开了一个小洞仅30厘米，算是贯通上下。再置一个水晶玻璃球，让人们触摸，从上往下看，犹如看到太极图，设计者的苦心希望为人所理解。我们的设计既要为领导所理解，又要为一般人所理解，普及建筑文化是一件根本的事。这个工程在施工时遭遇到了非难，幸而李长春同志主持省委工作，他亲自来到工地说："相信这位老人（指我）能做好这项工程。"尔后不少中央政治委员来看过，终于再得到实施。一个成功的工程，在人们不理解之前，总会有各种议论，反而促进自己更慎重地做好设计，用规范来划定。该工程在电梯交通上难以用规范来划定，直到4~5年以后，才能评上优秀奖。人生在创作道路上是有"情"也有"意"。

如今博物馆又有了新的发展，有休憩、经营等要求，这是博物馆角色的转换。

4）云南昆明靖江古生物考察站

云南昆明是一个美丽的地方，其辖区靖江发现了较多的古人类化石，成为世界古生物界关注之地。为了使考古者有休息工作的地方，拟建一座工作站，仅几个房间，包括接待室、研究室、大厅和公共活动的场所。该地位于山丘平地（被平的）上，远望是一大片水库，水波荡漾，风景秀丽。因规模小又是平层，设计的自由度大。我看了他们的标本有一个蝴蝶般的造型，甚美，于是设计中注入此元素。设计极自由，非线性（图 3-2-4）。这是一座仿生的建筑，灵感来自自己的感悟，带有启发性。

5）南京古生物博物馆

南京古生物博物馆在解放前就已创办，与原中央研究院几乎同时兴建，后者由杨廷宝先生主持设计。南京古生物博物馆收集的物种居全国首列，世界排第三。建设方要在馆区内设计一座新的博物馆，地处市政府边，两侧均为新中国古典建筑，其背身为古鸡鸣寺，而在高度上、风格上又要表现自己的内容，所以处理好建筑的设计是个难题。生物馆中要放置高 17 米的恐龙骨骼，为尽可能不遮挡鸡鸣寺，又能见到它的造型，创意上屋顶用"～"形，内留出恐龙的位置，整个建筑呈"Γ"形，前面仅 4 米的余地，对鸡鸣寺的建筑群的视景无多妨碍，在建筑室内可望鸡鸣寺全景，又保留两棵大树（图 3-2-5）。具体造型突出"龙"字，从建筑的下部能看出我们的设想。切入创意，建筑师总有办法达到设计的效果。环境的难度有时很大，但是我们的设计方法也会多起来。大面墙板上开了高窗，镶嵌"南京古生物博物馆"的字并不大，上出口突出的梁头还吊上了可以晃动的"铃铛"，微风吹来，铃铛声与鸡鸣寺的塔铃声遥相呼应。

6）南京梅园新村周恩来纪念馆

梅园新村周恩来纪念馆是一个事件的纪念馆。1945 年，以周恩来同志为首的中共代表团，与国民党进行国共谈判，当时中共代表团的住处梅园新村受到国民党特务的监视，代表团的出入遭到敌人特务的跟踪。在艰难的条件下，

图 3-2-4　云南昆明靖江古生物考察站

图 3-2-5　南京古生物博物馆

图 3-2-6 南京梅园新村周恩来纪念馆

代表团做了大量工作。为弘扬老一辈的革命伟绩，教育后代，使人们懂得革命的成功来之不易，建造周恩来纪念馆。建筑建造在一组二层有序的群体里，这是总理的住所，街对面是董必武同志及其他工作人员的住所。我们在转角的两幢建筑基础上，将建筑单体设计为围合形，中间有天井，有顶光照射下来。屋内安置老一辈革命家的浮雕。建筑并不是一字排开，而是呈"S"形，有着无限群众的意味。碑由汉白玉整块石料切割，而室外则以总理面带笑容的照片为原形塑为铜雕。先为铜绿色，后改为金色（这不理想）。总理从容地走出来，走在红色花岗石上，以半动态的姿态面向群众。前留出一个广场空间，侧面是为回廊，三个小穹宇，拱券内各置一盏小灯。雕像的背景是开小窗的南向走廊。办公功能向北，这是设计难以达到的地方。低窗用总理喜爱的梅花装饰，但用的是六瓣花，建筑转角都作了重点装饰，使建筑的界面清晰。在东边则用花坛作为界面。原想在室内也可以看到董老的住宅，但遗憾的是被展廊遮挡。考虑到为当时的周恩来同志的住所，建筑造型是朴素的，融入当地的居民区，且有自己的个性。纪念馆的标牌由杨尚昆同志题字，2米多长，且不用习惯的凹进的大字，而嵌入建筑物内（图 3-2-6）。本设计得到好评，从市级、省级到国家级均获一等奖。可惜的是：铜像的青铜变为金色；回廊被改为小屋；室内展板挡住了大窗；再有"教育基地"等铜牌排满了墙面，其实不挂也能说明问题。

7）合肥中国科技大学生物楼

生物楼完全是一座功能性的科学研究楼，内容复杂，且使用要求各有特色（图 3-2-7）。多功能的研究首先要剖析对主体有影响的房间，如一个容纳500人的报告厅，再有动物实验室、办公室、教室以及其他相关的办公、储藏室等。设计的方法是切块分类、分层，使排比空间与大空间组织各居其所。

图 3-2-7 合肥中国科技大学生物楼

造型和色彩也富有特点。

8）淮安周恩来纪念馆

淮安地处江苏北部，是周恩来同志出生的地方。他小时候母亲病故，由继母带大。他儿童时游玩的地方至今仍存。原淮安府有三个城池，时代变迁，北边的城池变成了一片水面，水面中间是田埂，人称桃花埂。为了纪念周恩来同志的伟大业绩，在江苏省委领导下征集周恩来纪念馆设计方案。我们设想它是一座纪念物，而不是一个带有众多事迹展览的纪念馆。我们采用金字塔的变形，屋顶、基座都呈一定坡度，基座坡度与屋顶相协调，又适宜于种植植被。建筑由两套体系组成，首先由 4 根大柱，柱跨 21 米，支撑厚 2.1 米的大梁，梁下建筑则由正面进入，入口顶住梁下建筑的交角，使这座纪念建筑有一种动势，运动于天地之间，形成一种壮丽的伟大。南京中山陵的孙中山陵堂以封闭的坐像来纪念，北京的毛主席纪念堂和美国华盛顿的林肯纪念堂等也都在封闭的空间中用坐像来表达。周恩来纪念馆与一般纪念堂不同，它将四角开敞，面向湖面，面向大地，面向自然，面向旧城，其两侧楼梯可以登至顶层观赏台，体现一种亲和感。这样一座相套的建筑就形成了。采光则用顶光，建筑材料用石料贴面，使这座纪念建筑壮丽而凝重（图 3-2-8、图 3-2-9）。

这座建筑的兴建历时 2 年，领导留给我们 10 万元修改费，我们将这些钱用于在湖对面修建一个"瞻台"和两个空的方尖柱，人们可以从远处眺望纪念馆。桥和小商品房在风格上都与主体相匹配，达到了整体的完整性。

纪念大厅内的周恩来雕像由孙家彬和姜桦老师共同创作。

周恩来纪念馆二期，是当地领导和老干部要将北京西华厅在这儿做的一个复制。建筑复建，为我们延续设计带出了新的课题，我们用大隔墙，像屏幕一样展示总理的办公建筑。这个作品也取得了成功。总理纪念馆从瞻台到

图 3-2-8　淮安周恩来纪念馆轴线

图 3-2-9　淮安周恩来纪念馆主馆

图 3-2-10 冰心文学馆

西花厅长达 600 米，两边均有水面，形成一组十分有意义的纪念馆群。这项工程是我们团队重要设计之一。

遗憾的是建筑的保护未得到重视，后来在其西南角建造了三层高的市教育局楼，在西向又建造了外语学校，一连串的建设，影响了纪念建筑的环境。但愿不久的将来会对这一问题给予关注。

9）福建福州崇安冰心文学馆

"冰心"原名谢婉莹，是我国著名现代文学家、儿童文学家。在她生前由他人委托，请我们团队设计冰心文学馆。许论豪较详细地叙述她的生平、她的经历，我们得知冰心从小受过基督教会的影响，热爱文学事业和儿童教育事业，我感悟到她的内心世界，我轻轻地在图纸上画上了一个"十"字，于是根据任务书做出设计。为表现她对国家和人民的爱，我们做出具有地方风格性的设计。在地段上有一个无名小湖，建筑布置在湖边道路交叉口的一侧。建筑组合中有大厅，有生平展览室、培训学习的招待所，以及食堂、办公、管理、储藏等室。此方案呈送给冰心老人看，她非常欣赏，可惜建成之时，她已病故（图 3-2-10）。我们在每个入口都设计了有特色的呈坡度的屋顶，带有一种地方风格。而"十"字的三面面向四方，以示她的作品影响几代人。在入口大厅处，门厅中悬挂着用大玻璃下吊的序言牌，由巴金老人题写"冰心大姐，您是一盏明灯，我们踏着您的脚步前进"，这副动人的序言作为展馆的开始。陈列室中有冰心出版的书，包括国外的翻译作品，及其生平、照片。建筑的中段有一组雕像"冰心和儿童们"。

10）沈阳"九一八"纪念馆

1937 年，日本军向我国沈阳部队开战挑起中日战争，所以在沈阳建立了"九一八"的残历碑（鲁迅美术学院美术家设计），以日期为标志纪念历史事件。残历碑高 17 米，碑上有日军侵占的符号。纪念馆用地位于一条长 200 多米，宽仅 40 多米的地块上，其一边为沈阳通向哈尔滨的铁路干线，再向外是城市的外环道路。每八分钟有一辆火车通过，所以噪声大，这是扩建工程面临的难题。纪念馆设计一是要隔音，二是尊重"残历碑"的 17 米高度，不宜建多层或高层建筑，种种难题都要考虑到。有人建议让声音飘过屋顶，入口后即转入地下，再由地下沿展览向上参观直至出口。城市的外环路有一个"丁"字路口，是设立纪念碑的地方，起着平衡整个群体的作用。造型上要考虑与"残历碑"的关系，所以纪念馆高 12 米，低于残历碑，其前端的大板也切斜角，使之与"残历碑"呼应（图 3-2-11）。在板前挂上东北三省的大型铜质浮雕，浮雕以"抗争"、"受难"为主题。入口有象征囚牢的门，用长钉钉在门框上。进入馆内可以观看到白山黑水的东北三省的大幅示意画，小小的金字塔说明了"九一八"事件。楼梯下布置了 13 盏地灯，暗喻打了 13 年的战争。这是一场民族、国家之间的战争，中国人民遭受到巨大的伤痛和死亡。那一天是国耻日，是中国人民永不忘记的日子。国家只有富强才有安全和保障。

图 3-2-11　沈阳"九一八"历史博物馆

出口造型与"残历碑"呼应。在墙板上悬挂了四块高浮雕，暗喻抗日的四股力量。前所述的丁字路口的纪念碑是高 25 米的胜利纪念碑，采用"V"形，靠近铁路一侧做了艺术处理，使之不像仓库。工程建设历时 2 年余。

这项工程除具体得到管理方的支持外，我的助手金俊、王彦辉也在工地上实施管理。在落成典礼上，工地的管理人员很感动地对我们说，明天就要交付使用，我们的劳动像培养一个女儿，明天就要嫁出去了，愿她一切都好！

11）侵华日军南京大屠杀遇难同胞纪念馆

1937 年 12 月 27 日，日军攻入南京城，进行了 10 余天的大屠杀，屠杀军民共 30 余万人，这个事件被列为第二次世界大战最大惨剧之一。为了纪念这一事件，南京市领导决定修建纪念馆，馆址选在南京十七个屠杀地点之一——

图 3-2-12　侵华日军南京大屠杀遇难同胞纪念馆 1

江东门。江苏省领导要我构思出方案。在抗战中，我的父亲留守金陵大学管校产。德国人拉贝尔及美国教授贝茨（Bates）主持了难民营，父亲作为红十字工作人员拯救难民，险遭日军杀害，所以家庭的经历和教育，使我深深体会到大屠杀之残暴及其暴行之恶劣。我以"生"与"死"为主题，以北向道路为入口，顺应南低北高的地势，在向西南倾斜的土地上再进行构思。人们进入纪念馆首先可以看见墙上用中、英、日三国文字雕刻着"遇难者 300000"（英文 Victims 300000）。纪念馆由邓小平同志题字，纪念馆的建立引起国内外人士的强烈关注。纪念馆投资少，不足 2000 万。当时南京市委书记张跃华同志将行政费的一部分都投入运营，考虑到自身的教育和感受，我们团队"分文不收，随叫随到"。这是一期的设计，二期改变了入口方向，由南入口，并解决停车场等问题。该工程设计名列全国环境设计的榜首，又获得 1980 年代十大优秀建筑的第二名（图 3-2-12、图 3-2-13）。

　　时间过去了 70 多年，历史无情人有情，历史的实证、叙述、记录，才是真正的实证事实。事实是最最宝贵的，是真正教育人们的，我们设计的环境不过是一种氛围。经历大屠杀的幸存者已为数不多了，要以此教育下一代，再下一代人，愿代代相传，使之成为他们成长中、心目中的精髓要素。

12）浙江天台县济公佛院

　　在浙江省天台县有一位知名的僧人，名叫"济公"，他劫富济贫，得到民众的赞誉，加上电视影像的宣传，使其名声更大。当地退休老人捐款 20 万拟建"济公佛院"。在天台山脉的余脉赤城山上有"隋塔"，山下有尼姑庵，还有山洞称济公洞。佛院建在山腰下，游人要登许多台阶才能到达佛院，佛院的入口不同于一般寺庙，是不对称的。为表现济公的性格，沿山坡的柱子我排成高高低低、错落有致的形式，犹如济公喝醉酒行走一样。济公的袈裟，

图 3-2-13　侵华日军南京大屠杀遇难同胞纪念馆 2

挂在顶柱上，这是用海上的浮球，而表现佛珠的斜撑上的瓦片也是象征。这都是种隐喻。洞口由当地木匠雕了一个济公像。济公佛院建成后得到当地的好评，被评为浙江省优秀景点（图3-2-14）。人物的刻画总是出于设计者的理解，或寻求于意义如侵华日军南京大屠杀遇难同胞纪念馆的生与死，或隐喻人物的性格。各人理解不同，其结果也是有差异的。设计者的偶发、灵感、探索都影响设计的形象，而其品位又与设计者的能力和素质有关。最近又到了天台县，看了济公院，感到经过管理和维修，设计的原貌也已变异。我们要加强对建筑设计优秀作品的保护意识，作品持续得到保护才有意义。

13）江苏金坛华罗庚纪念馆

华罗庚先生是我国现代的数学家，他的几位学生都是科学院院士。在纪念馆落成的典礼上，学生们来金坛纪念馆参观。华罗庚先生的骨灰也迁到馆内他的铜像下。怎样表现一位数学家呢？我们用"几何"的想法，45°斜坡和水平、垂直转化为建筑的板块，而相关围合建筑形成一个新的构型，即数学家—数学—几何—建筑构型。这种转化加天顶采光，使整座建筑处在一个动的几何体之中。数是活的数学，华罗庚永久活在数学、科学之中（图3-2-15）。华罗庚纪念馆坐落在他的家乡，他是一位自学成材的自主的大家，他的纪念馆是理性思维和形象思维相结合的建筑。

我们的教育面临新的探讨，首先是德育。"文化大革命"的后遗症比较严重，改革开放以来，我们注重了个性的解放，但不是推崇以个人为中心的个人主义，而是要爱国、爱人民，学习马克思主义，有理想，为人民服务，要团结同志，合作同事，强调团队精神。业务上强调专业的钻研，拓宽知识，交叉学科，以创新的精神，求得真知，再要健全体魄，有美的爱好，求得审美情趣的提高，学习华罗庚前辈，用自主精神、坚强的意志，开拓各自专业。

图 3-2-14　浙江天台县济公佛院

图 3-2-15　江苏金坛华罗庚纪念馆

图 3-2-16 广东东莞东江纵队纪念馆

14）广东东莞东江纵队纪念馆

"动情"两个字，我在设计纪念馆中深深感受到了。原东江纵队在抗日战争中一度脱离了中央，独自作战。我们设计时还有 3000 老人在世，当听到设计这座纪念馆时，十分动情，都要来见我们设计团队。领导们考虑他们的身体不宜过于激动，仅派了代表来和我们对话。

纪念馆设在一座小山丘上，旁边仅有两幢多层，是没有完成的住宅。其周边村落，可以看到当年战争在墙上的弹痕，这是有纪念意义的。

原设想行人由山路登上纪念馆，汽车由后面登上，可惜被改动。纪念馆总体上风格简朴、高洁，为了展现其特色，在其左侧悬挂观景平台（图3-2-16），以看到当年战斗的村落，其内有大幅油画，主题为人民子弟兵的抗争。该工程由东南大学建筑设计院的深圳分院合作完成。

15）福建福州历史博物馆

福建是我国向海外开拓最广的省份，人民勤劳，开拓性强。闽南地处台海地区，属于国家海峡两岸开发重点。福州历史博物馆设在西湖原博物馆旧址上。西湖边建设了高大的"西湖宾馆"，使西湖犹如水塘，受到多方批评。我们的建设应当保护它，控制它，因为在城市中好的地段只可利用一次。规划师、建筑师特别是领导不要将"高大"和"大片玻璃"作为政绩。现在湖边还有很好的大树，尚可在绿色环境中来建这座博物馆。

首先我们设计博物馆向西侧退后，使之靠近湖面，但领导总希望自己领导的工程设计有气势，更有气魄，于是他们就问我"气魄到哪儿去了"，我急中生智地说"气魄有，在这里"，我当场拔高一根圆柱，它可以平衡整座建筑群，又是博物馆的标志物，且内有小的转梯，登上可以眺望全景。顶上置球，由三个传统的"夔龙"支撑（图3-2-17），是一个富有意义的创新。这根立柱又与

图 3-2-17　福州历史博物馆 1

建筑的过廊联合。

事实没有像人们想的那么顺利，有一位将军在博物馆旁边修建了一座小艺术馆，在那里展出他收藏的艺术品，所以设计时又将它融入我们这座主体建筑。在建筑群体之后是一座自然博物馆，圆形，这样终结了建筑群体。这个群组有几个楼梯间，我们用了潇洒的"飘逸顶"，使之有一种自如的表现，表现人们的"自由开拓"精神（图3-2-18）。大门的入口一边是那根高大的立柱，另一边则是浮雕墙面，以柱廊为引导。大台阶两侧原设想是叠落的水瀑，而现今则用花盆。入口用福建民居的符号，大胆且张扬。福建一带的民居是多样的，但这些符号提升了博物馆的特色。内部装修也采用这种符号，呈"八"字形，使空间有了延伸。其顶端是水瀑，成为由西向东看的景点。办公楼向北，是为办公人员的工作室，这也成为他们有意见的地方。改革开放以后，趋利的活动总是有的，在自然馆边建立一座小型的招待所，这是单位所有制的一个特色，有它便利的地方。原址上有一座林则徐的铜像，本要迁移，在观察后，认为不移为好。

16）江苏海安"苏中七战七捷"纪念馆、纪念碑

在国内战争辽沈战役、平津战役、徐州大会战前，在海安、如皋一带打响了三大战役的前沿战"七战七捷"战役，于是在海安建立七战七捷纪念馆、纪念碑。纪念馆总是以"七"作为起点，或用"七"个门框，或用七个焊柱等等。最终为一把宝剑，高17米，用墨绿色的花岗石贴面，顶部3米用作避雷。"七"字怎么办，我想到手印，好像美国好莱坞的知名影星用手印按在地上，这启发我就用七个枪托的印，三角形。考虑到场地将成为儿童的游戏场，于是我们将地面做成凹凸不平也难踩上的地坪，上面有七个洞，以示经过了七战（图3-2-19）。

图 3-2-18　福州历史博物馆 2

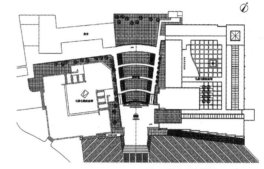

图 3-2-19　"苏中七战七捷"纪念馆、纪念碑

图 3-2-20　中国人民解放军海军诞生地纪念馆

因为是七战之地，我们采用的手法是将墙设计成七个垂直曲折形，最后有朱德等党和国家领导人的题词，也展示了当年战争的场景，并树立一块碑，因为是七战，用七支枪插入地下。

17）江苏泰州中国人民解放军海军诞生地纪念馆

解放战争后期，党中央决定要建立人民解放军海军基地，设在泰州高港区白马镇。地方上筹划，原设想建在市中心区，而后决定要建在原址上，所以定在白马镇。地址上原为农田，边上有沟渠，镇的入口处为当地民居和商店。

构思上我们设想是个船形，入口是个独特的想法，即沿着路边进入二楼大厅转入为展板，船形加顶部烟囱似军舰。进入后观看展板再下楼为出口，顶光由那个烟囱射下。

而办公区是与之平行的建筑，也分两层，供接待办公会议用，之间再竖一立杆，形成了一种标志，广场前为停车场。我们在细部运用海军中船的锚形，放在入口处（图 3-2-20），再在进入的栏杆上挂上了救生圈。建筑总体色彩呈银灰色，建筑群体从各个角度看都处在平衡状态。现代建筑群体不只是立面的平衡，而是从各不同视觉观赏都要达到平衡，整体平衡。

广场中展示有大炮及相关军用武器。

18）南京市鼓楼邮政大厦

图 3-2-21　南京市鼓楼邮政大厦

这是我第一次参加设计高层建筑，高度达 100 余米，是为南京市的邮政总局，上为办公，下为二层营业厅，地段位于鼓楼广场的东南角，又在用地的最高点，成为一个时期的制高点（图 3-2-21）。其旁边的中信银行，亦为我们团队设计。城市设计时常碰到一种不可预见的状况，当时不知道会有中信银行，更不知道会有紫峰大厦，它 450 米高，现是南京城的制高点，相当于紫金山的高度，几乎从城市的各方位都能看得见它。当时也不知会有鼓楼医院，有22层高，三幢高楼并立，呈希望鼓楼医院新大楼是水平的。方案一改再改，还要征求百姓意见，这样一种轴线上的均衡在城市中也不多见，幸运的是我们把握了这个大的尺度。城市建设也是有情的，有意义的，管理者的识别要以专业人员为参考。这种形成多少有点偶发性。它的对面是明末清初的鼓楼，原是城市的标志。建筑体型是正方形，减弱它的方，四角用了退进的方法。我们想起北京市中轴线上的钟鼓楼，即有拱门和红色的门，于是我设计了拱门还加上了红色的玻璃，且边上两侧各加四颗锚钉，示意为门。建筑以垂直划分为主，用方窗多少有点时尚风貌。我们注意到裙房的设计，即沿着半环形呈封闭状，两层，注意到分割。现今却挂上了大广告牌。屋顶用石板覆盖，四个"传统的刹"作为终极的表示。建成后在当年成为南京市的一大亮点，用地面砖贴的墙面已年久变为灰褐色。

图 3-2-22　福建厦门文联改建

19）福建厦门文联改建

厦门市有两座出名的建筑，一为"白楼"，再为"红楼"。"文化大革命"期间白楼被拆，红楼仅留作厦门市文联使用，由于面积小，已不满足使用要求，要扩大面积只能保留红楼的"皮"，而在其后扩建。这项工作比较繁重，先将外面保留的皮拆下，逐一登记以便复原。场地有棵大榕树，冠大而壮观（图3-2-22）。建成后再与新的建筑紧紧相连。建成后得到好评。

20）南京雨花台烈士陵园轴线群

雨花台是南京南部的绿色风景区，也是烈士陵园，解放前是国民党残杀爱国人士和共产党的地方。解放初在山丘顶上树立了一个8米高的碑，由毛主席题字为"死难烈士永垂不朽"，开始成为教育基地，在前后五个山丘开始植树，30年后满山都是林木，郁郁葱葱。中央水池为泉水。设计时考虑到纵长的轴线，从纪念馆到碑距离600米。而北门近城，北入口也可达到纪念

图 3-2-23　南京雨花台烈士陵园轴线群

图 3-2-24　南京雨花台烈士陵园革命烈士纪念馆

碑处，设计时从南门入园区（图3-2-23）。杨廷宝先生在生前已有革命烈士纪念馆的构思，即一个两层的建筑物。实施时做了多方案的比较，用传统的屋顶来解决，整个建筑用白色，白色的琉璃顶，白色的花岗石贴面。由南入口进入，路面不设道牙，两边用草皮覆盖，汽车慢行。由南台阶引入革命烈士纪念馆（图3-2-24），室内展示烈士事迹。绕场一周上楼梯，有分出口，底层为办公室和接待大厅。出门可以眺望纪念碑和整个轴线，向下走进入纪念桥，桥两侧采用13个花圈的形象。在两侧的山凹处，树立两个纪念像，一侧是一位解放军默哀，另一侧是一位妇女低头默哀，他们的基座均为浅台阶。中央为国歌碑，两边用门框，让出视线，且成观景框，水池有涨有落，所以用阶梯式，使水面的涨落均保持完整的形象。沿石阶而上为一小广场，回头可以看到纪念馆群，而向上可以看到纪念碑，修建时保留了六棵大树，由30米宽的台阶登上大平台，可以看到雄壮的纪念碑。碑顶造型似顶，似火炬，表示革命的忠烈。碑身由邓小平同志题字"死难烈士永垂不朽"，同样纪念馆的馆名也由邓小平同志题字。碑高42.3米，暗示南京解放是4月23日。下有"日月同辉"符号，象征死难烈士的英雄日月同辉。纪念碑座5边形，是传统碑的简化。碑前站立8米高的铜像，惜乎脚下填满了石子，不够挺拔。一座建筑的设计，几乎不受干扰是不可能的，设计者要有抗干扰能力。实践说明一个成功的作品，背后必定有个有力的甲方支持。我设计的许多工程都得到领导们、甲方的支持，但有的已先后仙逝，他们在天之灵必将告慰于人民。人若有情天亦老，人间正道是沧桑！

3.3 地区建筑与现代建筑
Regional Architecture and Modern Achitecture

建筑本来就是地区的，以传统的民居来说，浙江民居、福建民居、吉林民居、北京民居、云南民居是不同的，再有湘西民居是很美丽的。在西方，以哥特式时期为例，法国的、意大利的、德国的、英国的也很不相同，有区别，有差异。城市建筑总在一定的地段街区，乡镇、城市总在国家特定的地段上，它们各自有各自的功能、性质、规模。现代建筑在城市中建设，它们延伸发展时有时枯竭（枯竭型城市）。城市依靠"一产"、"二产"、"三产"来运转，这个运转也使城市、建筑形态产生变化，如矿业城市、省会城市、中小城市及乡镇等。城镇中又有历史风貌和风格等等，再有少数民族地区少数民族的风格也影响建筑和城市风貌，如新疆的天山南和天山北，特别在公共建筑上风格各异。

自然气候、地形、地貌、地质是地区建筑的重要条件。我国是一个多山国家，山地建筑在我国西部、西南部多有特色，随着地形、地貌多有变化。山脊、山峰、水系也有许多特点。气候是影响建筑墙体、屋顶、基础、采光的重要条件。在北方气候寒冷地带要有厚墙、隔热，而南方则要通风，在湿热地区更要注重通风。北方的窗户防寒、防风，要有双层窗，在湿地建屋要求有防潮的措施。在长江流域一带气候冬冷夏热，所以室内要有空调，于是控制空调温度、节能减排又不可少。当今不同气候地区的建筑都要和绿色林木相结合，灌乔木的配置对建筑环境起着影响，设计者要使二者共生。

然而，现在的地区建筑与现代建筑趋同。现代建筑不断发展，但在结构、技术、材料等方面有许多雷同，加上新的技术运用，使建筑形式产生一种千篇一律的现象、一种趋同的现象。那么规划者、设计者怎样在现代建筑中探求创新？我们可以从意义上创新，如南京日军大屠杀遇难同胞纪念馆，探求"生与死"来表达环境，河南博物院又以"中原之气"等从登封天文台中获得某种启发；从功能上构思，如住宅建筑在相同功能基础上以从地方沿用的细部来表现；从意境出发，创造一种意境和趣味，特别是风景建筑多有运用；再有追求地方风格，或从当地的民居中来探求新的风格，或从建筑的性质、功能来探求等等。

地区风格也受创作者的性格及地方领导的爱好的影响。建筑师受教育不同，设计经验不同，而同时代人又相互影响，因此在传承、转化、创新过程中产生了创作特色。设计要注重环境，而具体环境又影响设计，建筑师要不断提高自己的设计水平、能力和素质。

地区建筑和外来建筑文化相互碰撞。改革开放以来，外资引进中国，及外国建筑师可以在中国大地上做设计，这也影响了地区风格，产生了新一轮的碰撞。新的现代建筑可以有地方的建筑风格，在形体、材料、表现手法上进行创新。这是改革开放的必然现象，要有正确的态度。外国建筑师必然会来中国做设计和竞赛，他们的设计会带来新的设计理念和新的技术，一方面我们可以学习，但又容易被认作是外国建筑师的实验场地。我们有五千年文化的优良传统，但也有糟粕。我们有一百多年的半殖民地半封建统治，也带来一些新洋奴思想作怪，我们需要有正确的认识。

还有地区建筑与创新的关系。传统的地区建筑是从原地中"长"出来的，而现今在新的生态关系下，如何组织成为一种新的地区空间和新的地区建筑？这是一种建筑过程，是一种转化，更是一种地区建筑的创新。

另外是地区建筑与基础设施的关系。我们常常可以看到，传统的村落中公路两侧排列着住宅和商店，也有些小旅馆，这不利于公路的通行，可以看出民居群是沿着基础设施而排列的，村落在十字街头也是沿着交叉口来布置。现代化的城市则较为复杂，它要沿着地下综合管道如给水排水、各种通讯管道有序地综合布置，发达的国家则有更大的地下管道，甚至可以行舟。有合理的基础设施，城市才是"活"的城市。可现在不少城市地上拥堵，而地下也是"堵"，造成水不通而堵，上堵下堵，城市真是"水淹金山寺"。一座不可持续生活生产的城市，在2012年夏天的几场暴雨中显露出来。2012年是自然灾害较多的一年，基础设施中的问题得到了暴露，这是当今必须研究解决的严重问题。

我们再进一步论述，地区的政治、经济、人口、土地、交通、资源、水源是城市建设必须面对的问题，但要适应自然，我们要从自然生态特征和社会生态特征中做出整体的观察。

意义和观念给予地区以深厚的文化底蕴，地区的土地成为地区人民群众活动的场所。历史遗迹和文物是地区人们走过的足印，它们是地区文化形象的见证，也体现出地区建筑

文化的属性。与此相关的是地区的人口构成、密度和富裕程度，社会层次、活动状况也与地区建筑有密切的关系。

对传统的地区建筑和现代的地区建筑，发展与保护都是一个原则，我们的态度是：留出空间，即在地区中留出水面、农业用地、森林用地及资源用地；组织空间，即有机滚动地组织空间，地上地下、综合而整体地进行组织，要很好地布置城市用地上的"二产"和"三产"，以及城市的商贸活动区；创造空间，则是对现有空间的充分利用，地上地下整体有序。把无序整合成有序、无组织变成组合，城市的管理相当的重要。我深知我们的城市、我们生活的地区有历史文化的属性，有人们素质的属性，也即精神的属性。我们说北京人、南京人、苏州人等多少有点地方人长期交往的习俗，并影响到人的身上来。

（1）从现有的传统文化和乡土文化中转化为现代新地区建筑，我们总能找到地区的历史文化特点和发生事件的踪迹，转化、创新是基本的。

（2）从历史发生的事实，如南京梅园周恩来纪念馆的时间来转化，当然历史性的建筑也可以通过改变使用性质来转化成现今所要使用的建筑。

（3）从设计对象所相关的形体抽象化，如泰州海军诞生地纪念馆（图3-3-1），船形，有入口楼道，具有特色；又如温州中国鞋文化博物馆。

（4）尊重原有历史环境，延伸扩大，进行群体空间环境

组织，如南京雨花台烈士陵园的建筑群体等。

（5）从具体人物的个性及其历史意义而转化再创新，如华罗庚纪念馆（图3-3-2）。

地区建筑这种形态是从当今世界建筑的"新"的趋同而相对派生出来的，也要承认现代建筑也在转化，求得地区、地段的适应。

我们不可能在公共建筑上夸大所涉及对象的形式而模仿，这样往往使人难以认识，其结构是"异怪"的，我们强调的是建筑本身的特点，来使之有个性。

广义的地区建筑是多元化的，而专指的只是设计者有意识的探索，它相对于现代建筑而言。有学者说"房子"不是建筑，建筑是艺术（Arts）。我认为只要审美的"房子"，也可称之为建筑。建筑有点像音乐，有的是有标题的，有的是无标题的，所以审美对建筑来讲是很重要的。个别建筑师追求"怪异"，也不是不可取。有的建筑师追求某种意象，如用新的材料表现某种意象，在世界上也是有的。他们为了猎奇，猎奇的本色则有褒有贬。最终还要有一种批评学，一种鉴别能力，特别是在高技术的条件下可以做各种形式，创作得到自由。这有一个美学原则。

地区建筑离不开技术。建筑技术是实施建造过程中的工艺操作方法与技能，还包括技术实施的材料、施工手段，其中包含经验、工具和方法的总和。一部建筑史也应包括建筑技术史。技术的使用还包括劳动者的精神，它支持和约束技术。先进的技术起着一种对建筑发展推动的作用，19世纪末20世纪初的文化变革大大推动了建筑业的变革。它为新的内容服务同时又促进新的使用得以适宜，它与宜居是互动的。我们要十分重视技术的进步和改革，注视它的动态是我们学习建筑必须要做到的。

图 3-3-1　海军诞生地纪念馆

图 3-3-2　华罗庚纪念馆

技术有传统技术和现代技术，在人类生存生活的过程中，已经取得一些建筑技术来适应自己的需要，并充分利用当地的材料，求得其适应性，这特别适用于传统建筑的建造过程中。人的生活的行为与为之服务的技术是相匹配的，这是社会发展进程中一种相互平衡的结果。使用的目的和手段相互促进，有了一种技术的可能，再又另一种可能，也是目的所追求的，它们是相互辩证的。

现代技术和工业化生产密切联系，可以大规模地生产以适应社会的需求，如果加入低碳、节能，更符合科学发展观的需要，且以人为本，更好适应于"宜居"。现代化与社会化、与信息化是一体的，且更与高速交通相结合，地区与地区之间的统一，更促使人们生活的节奏加快，这是时代的需要。当今的发展必然带来耗能和高碳，我们一定要注重节能和低碳的需要。而产业的转型及其延发，更好地为可持续发展创造条件。

高技术与高艺术相结合（High Technology），它们都给"线形"、"形体"带来了巨大变化的可能。一种技术美学使人们的设计观念发生变化，建筑师追求的猎奇，往往带来高昂的代价。我们认为，各地区的发展是不平衡的，各地区可使用的地方材料也有差异，我们在发展中求变化，发展更要注重节约，因为我们国家人口众多，还是要依靠各种技术来解决我们的宜居问题。技术永远是一种手段，建筑与技术关系中的一个核心关键问题，即建筑中的技术因素与其他因素的发展要协调与平衡，包括艺术、伦理、生态和社会。技术是推动建筑发展的动力，它不是唯一的，而真正的目的是"宜居"。技术把握在人的活动中，又把握在现代化的生产中，因为是人在把握，所以充满着情感和智慧，这是最高的境界。

建筑技术与结构的性能和其方式方法有着不可分割的关系，而建筑材料的运用又是它们的基本要素，传统的现代的都可以在新的条件下发展和创造。我们要有类型的观念，切入到建筑空间分类、技术分类中去，因地制宜，就地取材，运用传统和现代技术来为人服务，这是我们的目的。

世界各地的地区建筑是多样的，其结构形式起着决定作用。在福建中部地区建筑材料以石料为主，模仿木结构的样式。希腊、罗马用梁柱式，之后的中世纪则用券拱，为了支持推力又增加了飞扶壁（Flying Buttress），以求得稳定。各种结构方式和材料，在形式上相互印证。最早的传统地区建筑，也有充分利用"竹"、充分利用"土坯"的，蒙古包则因放牧、逐水草移动迁徙，就地取材，便利而节约。

少数民族的地区建筑除材料外，还以丰富的色彩及西部装饰来显示其风格的特征。如藏族的寺庙用红墙及金色屋顶，对比雪山，实是一种壮观。这些都和各民族的心理审美有关。总之地区建筑受制于技术，没有技术建筑的形难以设想。技术与文化、自然、社会因素相融合。我们设计者要因地制宜，探求"适宜的技术"（Appropriate Technology），将传统的技术与现代技术有机地结合，将高技术与低技术结合，制宜于自然气候，制宜于地形地貌，制宜于人们的生活。这种制宜便于当地的人们更好地操作。

我们要自觉地运用新技术，并切合它的精神，切合实际地选择合适的技术路线，以切实符合当地的自然生态为前提，做到尽可能的低碳和节能；技术要与当地的文化相匹配，力求和当地的地方经济相结合；我们要抽取传统技术的核心，发展现代技术，它要求获得某种技术核心的内涵，对传统技术求得为今所用，现代技术为我所用，要经过消化再运用到自主创新。

我们一定要有"地区"即"根"的探索思想。"根"就是寻根（Roots），这个根是中国的，它几千年怎么发展，怎么演化，有许多问题值得思考。传统的建筑，大多为统治阶级服务，为宗教迷信服务。而今的现代建筑，解放后从广东开始，进而到了上海，再至北京。人们会问南京 450 米高、美国 SOM 设计的超高层建筑是否是地区建筑，我们说"不是"，但它是"地区"的，只不过不是地区建筑。又问鼓楼广场的邮政大楼是否是地区建筑，我们说它与鼓楼传统建筑对话，是一种地区建筑的探索。再问近年建的南京 1912 民国文化街区是否是地区建筑，回答说：它是民国建筑的再现，是地区建筑。那晨光 1865 科技创意产业园呢？原来它是清末李鸿章建造的兵工厂，今天我们正在转换，可以说是一种地区建筑。地区建筑是一种理想，是一种探索，也是一种现实。60 多年来除了 1950 年代一次"风格"的全国性探讨外，没

有人过问它，各行其是，但它的"根"却影响着我们，深刻脑海，因它具有世界性与地区性，且两者相互渗透。

要科学化，要因地制宜，要讲人性，要低碳节约，要可持续发展，这是个总趋向。

3.4 建筑设计与室内设计
Architecture Design and Interior Design

建筑的类型甚多，有居住建筑、公共建筑、工业建筑、仓储建筑等，多种多样，每一种类型都是人们生活工作的地方，大量的人们在室内工作、生活和休憩。

室内的大小、高低、色彩、质地、光影及其空间组合都影响着我们，我们讲宜居，室内设计是其重要的组成部分。居者，有其屋，住宅建筑的建设，国家花了大气力，以解决人们的居住问题。居住建筑又有低层、多层和高层之分，要适应每一家的要求，住宅的建设占建筑总量的70%，是个大头。我们讲医保，离不开医疗建筑，当然还包括疗养院，及老人休养所和各等级医疗机构，如社区医疗机构等。医疗建筑有门诊区、住房部，以及为之服务的科研、检查及后勤等部门，而现代医疗器械也有很大的发展，因此医疗建筑可谓公共建筑中最复杂的类型之一。影剧院是复杂的，要有观众的大空间，有观众席，有舞台、包厢、后台，考虑到疏散，有楼座，及休息大厅、门厅，现又发展为有茶座。影剧院中要看得好，听得清，要有相对好的视线，设计者要考虑视觉和听觉的设计，厅堂内要有适当的隔音板。图书馆的设计解决藏、借、阅功能。藏包括图书和电子文件，借有开架和闭架，阅是让来图书馆的人群有相应的座位等等。

设计内部环境，同外部的造型大体类似，也是六个界面，四个墙面、上面的天花和下面的地面，关注它们的连接、交叉和连续性。内部空间设计同样有一个程序问题（Sequence）。自门入室内有过渡的空间，有人流集中的地方，有动也有静，

在有楼梯和电梯的地方要有明显的指示，有识别性，地面的划分要有停顿，有引导。在色彩上，地坪的材料拼缝都要有节奏和暗示等等。

室内设计有些相关的名词。如室内装修，英文叫 Interior Finishing，是在施工完成后对墙面、天花、地面、照明、通风、材料构造进行工程处理的综合研究。室内装饰（Interior Ornament），即在室内进行一些艺术装修，处理界面细部，如对不同界面细部作出纹样的处理，做壁画、雕刻等等。室内陈设，英文为 Interior Furnishing，指室内的家具、窗帷，各种陈设如日用器皿和观赏植物的布置，用以满足室内生活要求和美化环境，阐明该室内的使用性质和质量。室内装潢，英文名为 Interior Decoration，指室内装饰、装修、陈设的综合设计，偏重于室内的环境艺术设计。室内设计有时也由建筑设计统一研究，使室内室外相互关联，也有专门进行室内设计的。室内设计中，如旅馆室内设计，其时段性相对要短一点，有的旅馆不过十年就重新做一次更换。而 Interior Environmental Design，与室内设计大体相同，是一种综合设计，包括光、色彩、装饰、陈设等等。室内设计有专门的专业组织，如中国建筑装饰协会和中国室内装饰协会，这个行业在建筑事业的发展中起着重要作用。随着建筑的发展，建筑的面可以空透，可以半空透，加上隔断，大大丰富了建筑室内的空间处理。如伊朗德黑兰机场的商贸部就用大片幔布做吊顶，使空间贯通，苏州丝绸博物馆的中央大厅，我们也

是用幔布来垂挂（图3-4-1）。空间可以用一个实体贯通内外以延伸空间的内外，增加空间感，同样地面也可以自由伸展。不同的材料有不同的感觉，人触摸有不同的触感，再与色彩配合可丰富空间，加上新材料的横向、竖向的连通，也使空间有变化。可以认为在室内，空间是核，界面是皮，物质是衣，三者相辅相成，相得益彰。我们注重基本空间，由建筑构筑形成，再注重摆设、陈设，由家具等等形成。再有墙可厚可薄，开的窗可以是变形的，窗的采光也因此变化，法国柯布西耶设计的朗香教堂，其开窗就如此，取得了一种教堂的神圣之感，现代的又是传统的（图3-4-2）。

我们先从过程来分析建筑室内的发展。

西方古典时期，从古埃及、古希腊、古罗马直到文艺复兴时期，建筑大多为宫殿、市政厅和其他公共建筑，大多采用古典柱式的三段式，在室内也做出反映，如罗马浴室、罗马万神庙（Pantheon），其室内也反映了室外的样式，从楼梯到天花等等都用同种样式。中世纪的教堂建筑，仍然是室内反映室外，天花顶是拱券，拱顶聚在十字形的交叉点上，是为"十字"交叉点，在大主教的讲台有大型木棚，庄严而严肃，两侧则有彩色玻璃玫瑰窗，使室内有闪闪发光的色彩阴影，增加了室内的氛围。巴洛克、洛可可时期，抹去了柱式的做法，而代之以卷草等自如的花纹，把室内样式推进了一步。巴黎建的凡尔赛宫是为豪华的宫殿，宴会大厅的壁画、雕刻、吊顶成为室内主要装饰品（图3-4-3），还有巴黎大剧院（图3-4-4），是为后折中主义的古典派的代表，为最豪华的剧院。这都是传统的室内环境设计。

20世纪初新建筑兴起，1929年巴塞罗那世界博览会的德国馆，由密斯·凡·德·罗设计，建筑中柱子与墙板脱离，空间组合自由，空间组合的美替代了建筑的装饰美，明朗、开敞、空透、封闭组合得自然、生动（图3-4-5）。

图3-4-1　苏州丝绸博物馆

图3-4-2　朗香教堂内景

图3-4-3　凡尔赛宫镜厅室内

图 3-4-4　巴黎歌剧院室内

图 3-4-5　密斯·凡·德·罗设计的德国馆

巴黎市郊的萨伏伊别墅，由柯布西耶设计，一层柱廊空透，二楼为居住的地方，再上为屋顶花园，都自由隔断，着实以空间来表达室内的审美（图 3-4-6）。之后在世界各地建设了一批批现代的城市和建筑群，中间还有许许多多的建筑流派。

　　1840 年鸦片战争后，签订了不平等的《南京条约》，中国沦为半殖民地半封建的国家。在被殖民化的城市地区，城市的建筑都嵌上了外国建筑文化的烙印。青岛有德国式的建筑，如青岛的教堂和八大关的建筑。哈尔滨则表现为俄罗斯的建筑文化，还夹着新建筑文化"十年"的作品。上海则是万国建筑展览，有各国列强的银行、办公等建筑，沿着外滩展示出来，也夹着一些打着中国样式的现代建筑，而大多是折中、新古典的建筑群。这都是历史的印记。在国民政府时期的南京首都，当时倡导"国粹精神"，建起了一批中国式的新古典和折中主义建筑，如南京的中山陵园建筑、中央科学院、中华民国考试院和监察院等民国建筑。而在南方福建、广东一带则有大量归国华侨建设的住宅，遗憾的是现今由于开辟公路及交通，几乎已无存。各少数民族地区则有它的地方特色，中国的传统建筑如寺庙、民居也仍然在修建，这都反映半殖民地半封建社会的时代风貌。室内设计同样反映了那个时代各国当时的风格，同时又反映了中国传统建筑风貌，特别在福建、广东一带，地方的风格十分浓郁。这种混杂的风貌一直延续到解放之后。风格的混沌，我想是一种正常现象，只不过有主流和次流罢了。我们设想在大一统的封建王朝中各地区还是有不同风格的，西藏有藏族风格，新疆天山南北也有它自己的风格。即使在今天，我们也只能讲"多元化"而已。世界是混沌的，那么建筑的风格也只是世界的、地区的，这才是真实。我们一定要分清主流和支流、大趋势。在实践中去检验。

1949 年新中国成立后，我们不可能大规模地建设，只能在恢复经济的前提下来修补。之后又遇上了抗美援朝的战争、1958 年的"大跃进"，又来了三年自然灾害，国家经济实力决定我们的建设能力。1950 年代"学习苏联，一边倒"，当时随着苏联专家引进的 156 项建筑项目，除工业建筑外，还有一些大型公共建筑，如北京展览馆、武汉展览馆等，它们都带有苏联展览馆的风格。当时北京的八大学院，如钢铁学院（今科技大学），及清华大学主楼，都类似莫斯科大学，苏式新古典一时建起来了。在南京，我们的老师不以为然，在设计南京航空学院（现为南京农业大学）的主楼时采用有中国传统特色的新教学楼样式。1954 年建设部批判梁思成的复古主义时，也建了简化的"民族旅馆"，还有戴念慈先生设计的中国美术馆，是为创新的中国新建筑。1959 年建起了人民大会堂、中国革命和历史博物馆，都具有创新的特点。这也引起了新的室内设计手法，人民大会堂的福建厅，为最有特色的厅，是中央经常接待外宾的地方，可以说室内设计形成了有民族特色的新风格（图 3-4-7）。

图 3-4-6　柯布西耶设计的萨伏伊别墅

前述的室内设计介绍了国内外的发展趋向，在我国经济大大提升之后，室内设计将显得更为重要。现代的科技是支撑，审美时尚有时嵌入我们的设计之中。我们要吸取一切优秀文化的源泉，转化为我们所用。室内环境由人创造，它又反过来影响人。当今进入工业化，我们要关注工业条件下对室内设计的影响。

随着经济的发展，我国各地还要有大批的公共建筑和住宅，及其他建筑兴建起来，这就要求我们进一步深入研究室内的各种要素及其构成。

界面是围合室内的面，是形成空间的主要要素。它表达了空间的形成，及其使用的性质。界面有实的，也有虚的，还有半实半虚的。它有一定的复杂性，

图 3-4-7　人民大会堂福建厅

图 3-4-8　安藤忠雄设计的教堂

如上实下虚或下实上虚，虚者可以贯通，如展览馆可以在下方用透光的玻璃，而上部为展览墙。也可以某一部分虚，使一个空间与另一空间贯通。界面有双向性，可以透过一层空间看到另一层的空间。存在就有界面，就有空间感。界面的色彩、质地、光影都影响了人们的视觉感。界面表达了人的行为空间，公开的和私密的，私密的是围合封闭，而公众活动则是开敞的。视觉的冲击可以形成二维，也可以在稳定中表达三维。

表现的维度，古希腊、古罗马以柱式的雕塑表现，之后又用丰富的装饰物来表现，如中世纪教堂的玫瑰窗（Rose Window）。空间的转换可以由这一空间转至另一空间，也可由下转换至上。界面又可认作是"皮"，建筑师玩弄这张"皮"，可以让外墙面提升延伸，也可以让外墙面呈扭曲形、抛物线形。天花可以空透，光可以引进，如日本安藤忠雄设计的光的教堂，组成光的线性的界面空间（图 3-4-8）。自古以来界面表达为"神"的界面和"人"的界面，环境中的环境，建筑中的建筑，它展出有限和无限的空间，有秩序，也无秩序。建筑师们在技术可能的条件下，玩弄手段，当然我们仍然以实用功能作为基本。虚的、空的、半虚的，用玻璃或其他模式。我们还是要求实，去实用，"封"—"隔"—"透"—"挡"都是界面的手法。中国传统建筑中的罩、架也是隔断，也是半透，这都是人类共同的手法。当然自空中下吊，如教堂中的大吊灯也有一种隔的作用。关键是干什么用，谁去运用，它有什么艺术价值，又有什么使用价值。

再进一步探讨，如后现代主义企图使自然、传统、历史达到一种回归，但仍是一种现象、一种流派和表现。

界面是一张皮，不论理论家、评论家怎么说，但要看这张皮贴在哪里，俗话说"皮之不存，毛将焉附"。我们要思考界面处在整体建筑的部位，及其所起的作用。

后现代的那种回归只是一种割断了的历史，而非真正的历史的延续，它是一种复制，而不是真正的传承和转化。说它复制也好，平面感也好，这只是一种说法。柯布西耶讲了表皮（Surface），把它纳入三要素体量、表皮、平面之一（Mass，Surface，Plan），这是很恰当的。

庄子语"既雕既琢，复归于外"，意即物体成器是要经过加工的。中国传统建筑的门和窗，可以开启也可以关闭，还可以拿下来，可谓灵活运用，法国建筑师让·努维尔设计的阿拉伯学院，其窗利用感应器，既可以开，也可以闭。皮的组合，各种建筑流派都可以自如地运用，在现代建筑中的运用有多种形式，这里不一一枚举。皮不但可以用作一种符号，也可以认为是一种类型，表达某种意义，我们需要研究这一关系。

翻开一部现代建筑史，就会发现技术的进步推进了建筑业的发展和进步。一位建筑师如不研究技术，就不能称为进步的建筑师。技术包括了结构、材料，它的耐久、防火、防灾的作用也应归纳在内。建筑史与技术史是息息相关的。传统的技术是人与手工相结合的，与人有亲近感，而现代的技术大多由工厂制作，所以就隔了一层。但是现代建筑的成就是新技术的创造，它创造了新的词汇，完全不同于历史性建筑的概念。它提出了新的理论、新的观念和新的做法、新的人文和伦理思想，新的造型也纷纷出现。它摆脱了沉重的、厚重的墙体，而以其本身成为建筑体型。技术的发展也促使出现了许许多多类型的建筑，如航空站、大型展览、飞机库、火车站、地铁站。高速动车、高铁，大大缩短人们的时空观念，改变了人们的情感和形式意义，也改变了人们室内外的心理和行为。一个时期旧的外表自觉不自觉地脱下它的外衣，从新组织空间，组合地上地下的关系。现代物质文明奠定了技术的社会地位。技术为建筑提供了全新的叙事方式，也将建筑师纳入技术的轨道，表现为人们对技术形式的评价。

我们进一步深化对现代建筑和古典建筑的比较，以求获得对文明的认识。维特鲁威和阿尔伯特（L.B.Albert）的古典建筑的传统理论包含着两种技术内涵，一种是对应于技艺与材料的技术，一种是对应自然逻辑的技术。实践是相对于材料的使用，而理论相对于比例的应用，两者须相互配合。希腊的建筑文化，不只是"坚固"，还作为一种文明的象征。将建筑和自然相互沟通的工具，理论上是为观察和分析的能力。实际上人类有共通的审美准则，包括比例、尺度的关系，追求如帕提农神庙的美的原则。人类自古以来有一种共通的记忆原则，这种数字比例合乎人性的需求。

现代建筑师柯布西耶认为："建筑超越各类艺术，而达到这样一种状态——柏拉图式的伟大壮观，数学般的秩序，储藏着人类对和谐的感知，这就是建筑的目的。"建筑空间形式在技术逻辑上的密切关系，也就是人类追求的秩序，一种人类的生理本能，一种在于建筑的自然秩序，再就是建筑与环境的秩序。从数字关系研究建筑的空间与形式的关系，对于建筑内部的秩序，是几何与比例，是设计空间平立面的依据，我们当今研究数字化技术也是提升建筑审美的又一层次。这也说明一种新的时间、空间的关系的提升，是一种巧合也是一种必然。我在美国西部参观过盖里的事务所，我看到用计算机来求得合理的结构数据，他设计的古根海姆博物馆就是从计算的数据求得的。可以把无序变为有序，而进行推理。秩序是一种美的追求，一种新的回归，一种螺旋式的上升，一种重影。建筑材料中混凝土和钢结构是两种完全不同的材料，而前者有可塑性，且有石质的感觉，所以易得到人们的赞许。它被大量运用，如柯布西耶的朗香教堂、拉图雷特修道院等，那真是混凝土时代。材料表述了一种空间语义，并赋予空间获得生命的机会，使之呈现一种抽象的美。它也可以使建筑内部获得组织自由的空间（柯布西耶推行新建筑的五点设计原则），表现在萨伏伊别墅上。混凝土材料在其表面可以拉毛，可以斩假石，可以磨光，材料使用处于完全不同的境地。多种感觉可以在不同空间中得以使用。

玻璃材料的运用对建筑造型有巨大的影响，可以将整个建筑套上玻璃，而闪闪发光，并倒映天上的云彩和相邻建筑的阴影。加拿大蒙特利安有一座高层建筑与一座相对应的教堂，教堂的光影映在高层的玻璃面上，产生一种神奇之感，但大片的玻璃又遭到人们的质疑，被称为光污染。

钢材料使建筑的骨架变轻，可以达到超高层，但难以防火，纽约世贸大厦为纽约的标志，"9·11"被撞毁后很快倒下，这也是个极大的教训。但钢结构仍然有大的发展前景，它可以使室内空间扩大，划分更自由，可以用填充材料以消声。新的材料和建筑给使用带来了随意性，这是现代建筑的绝对性，新技术的运用是新的文明的一部分。新的技术的运用带来两种可能，一是开始使用得不成熟，其二是造型不被人们认可。最后对于技术的进步，人们还是用"整体"观来看待，取得一种和谐。

技术与材料的发展与构成室内空间的基本实体要呼应，柯布西耶的人体比例（图3-4-9、图3-4-10）就说明了这一点。再而，技术被更多的人使用，得到人们的赞许。但怎样适配于地区又成为一个新的问题。

其他色彩、光、声在室内的应用，要考虑怎样适应人体功能，包括自然光与人工光的关系、声的反射。特别在厅堂中，使人体工程及人的视觉、触觉，整体感觉达到适宜的程度。

开放的中国在设计方面已取得了大的成功，不论引进和主创，都得到大家的认可，但也不难看到一些庸俗的"罗马风""路易十四风"的崇洋媚外思想在一个时期泛滥，也造成了浪费。再有不正当的竞争机制、虚假和偷工减料时有发生，还有业主不合理的干预。种种弊病，是要我们在前进的道路上去克服、改进的。

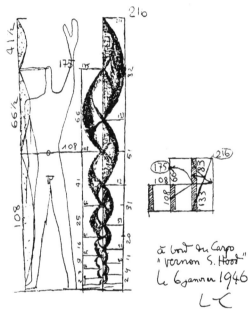

图 3-4-9　柯布西耶的人体比例手稿

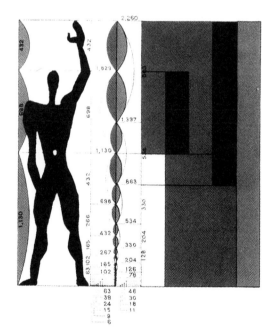

图 3-4-10　柯布西耶的人体比例

3.5 滨水景园形态
Waterfront Landscape Garden Form

许多滨江滨水滨湖的城镇，它们吸引了我们，常言道"水不在深，有龙则灵"，水有灵气。特大城市中滨水者为多，我国最大的城市上海靠近长江口，黄浦江穿过浦东和浦西。沿长江一路数来，苏州、常州、无锡、镇江、南京、武汉直至重庆都沿江沿大湖，杭州近钱塘江、西湖，近水楼台先得月。水是生命之源。黑龙江、松花江、淮河、黄河、长江、闽江、珠江都是中国的重要水系。

有江就要有桥，桥水交接处都是城市发展之源。滨水之处是一大旅游胜地，武汉有东湖，杭州有西湖，南京有玄武湖，苏州、无锡也兼有江湖之利，而镇江则更是有山有水，所以景观的研究脱离不了滨水。为什么人们这么喜欢杭州西湖呢？古人曰"若把西湖比西子，淡妆浓抹总相宜"。如果说泰山是历史名山、文化名山，那么西湖也是历史文化的名湖，为什么它被评为世界历史文化遗产？是因为有苏堤，名妓苏晓晓的墓就在那里，革命家秋瑾的墓也在西湖边，雷峰塔、六和塔寄托了多少人文故事，历史的印记不但印在泰山、嵩山上，也印在名湖上。江苏的苏州同里镇、黎里镇、周庄拥有深厚的水文化。难道我们不要研究一下滨湖的景观吗？有水就有山，大学者钱学森提出的山水城市不就既是理想又是现实吗？

首先要研究城市与湖面的关系，以杭州西湖为例。西湖三面环山，山不高，在其东面则是城市，解放前的东面尚无高层建筑，但解放后由于城市人口增加开始建高层，发展城市起始要控制，但也控制不住，曾引起大的争论。我在《杨廷宝论建筑》中所写的"风景的城市，入画的建筑"就提到了这事。后来西湖边最高的建筑为32层（浙江大学医学院），炸掉又抬高，近年向钱江沿线发展，号称"钱江时代"。现在十分遗憾，一种叠加式的建筑和群体、失去风格的建筑充塞于湖滨。我曾有感画过一幅漫画"明日的城市"。西湖虽被列为遗产，但又无可奈何，我想怎么比也比不过瑞士苏黎世。无控制的发展是城市建设中的"癌"，难以拯救。但西湖又为什么美呢？它最大的特点是人步行在湖堤上有最大的亲水性，近人的地段只有40~50厘米高，而不似南京玄武湖，似有下"井"之感。为什么在水面上要修栈桥呢？就是因为亲水。

相比国内几个城市中水面与城市的关系，武汉的东湖在汉口，位于城市中，常熟的尚湖则在山之南侧，湖面周围多为村落，只能筑堤南北连通，堤中有桥。颐和园是北京知名湖面，小山前有华丽的佛香阁，是清末慈禧太后利用赔款修筑的，有长廊和十七孔桥，颇为壮观，湖滨岸修有石舫，远望可见远山塔，增加了空间层次。青海省的青海湖是国内最大的盐水湖，众多的湖泊又如江西的鄱阳湖、湖北的洪湖。其他如山东的微山湖、江苏的洪泽湖都在当地有名，可惜没有"点睛之笔"。我们在江阴近长江边修建一座"望江楼"，登高远望可看到东流的"之"形的江水，很壮观。又在福州长乐县，在海堤边孤岛上修建一座海螺塔，小岛高17米，而海螺高约 17 米，是一座仿生的建筑，独立于海滩上。在法国西北部的海岛上同样有海堤，历经数世纪的修建，成为欧洲知名的景点，山上有教堂、回廊，从山顶远望，壮观而美丽，名为圣米歇尔山（Mountain Saint Michel，图 3-5-1）。

上述景观建筑有居于主宰的建筑标志，也有从属的是以水为"衬托"。

图 3-5-1　圣米歇尔山

3.6 山地景园形态
Hillside Landscape Garden Form

我国是个多山的国家，几乎所有省份都有不同大小高低的山和丘，特别是西部山区山地几乎占全国面积的 2/3。世界上最高峰珠穆朗玛峰高 8844.43 米，就在西藏的西部，其他有如天山、长白山、昆仑山、太行山、泰山、张家界、武夷山、秦岭等等。山东泰山因秦始皇登山求仙和秦汉以来历代文化名人上山铭刻而成为一座文化名山。河南嵩山因唐武则天登山也甚为有名。湖北武当山则是历史上避暑地，加上明成祖修建寺庙由山下修到金顶亦有盛名。江西庐山是避暑地，青岛崂山亦更如此。浙江天台山有国清寺建在山麓，其为重要佛教宗派之一，日本佛学界年年参拜，影响日本，是为圣地。俗语"山不在高有仙则名，水不在深有龙则灵"，山和人与文化历史联系在一起。

那么多山地，如何开发利用是一个长期的研究内容。筑屋建城，建造基础设施，防止山洪、泥石流、滑坡等灾害，以及组织植被，组织建筑在坡地的基础工程及群体空间组合，沿山坡修建主路和支路，保护传统建筑及布置灯光照明，做背景处理等等，都是山地环境的整体研究内容。这就要运用到城市学、环境学、地理学、生态学、工程学、社会学、行为心理学，涵盖山地城市的物质形态和精神形态，这是山地城市学中的重要内容。

山地景园，即山地景观，包括以下三类：

（1）基础学科。有城市建筑学、城市地理学、行为心理学及与城市历史文化相关的诗词、习俗习惯等社会学内容。

（2）规划系统。包括城市规划、城市设计、山地建筑设计及相关的设计。

（3）山地工程技术。包括山地的地貌地质、地下水，地区防灾、地区植被等，以及城市某些设施工程，如上下水、供电、供气、排水排污、防灾等。

人口要增加，土地有限制，使开发有困难，在发展的同时要强调控制。宏观层次上，进行山体控制、水体控制、绿化控制、人口及用地控制、规划结构控制、天际线控制、岸际线控制、城市组团边界控制、重要观景点控制、分区特点控制。中观层次的控制包括建筑群的控制、开放空间的景观和城市交通景观的控制等。微观层次的控制如交通缆车、索道和建筑的特殊元素如吊脚楼等的控制。

景观学同样也以人为本，强调宜居，包括物质环境的，也包括精神环境的，力求生态健全，追求一种回归自然之感。景观学致力于土地利用、保护自然资源与文化资源，建立在科学与艺术相结合和工程学的基础上。

尺度上，大尺度在于风景区规划，中尺度在于绿地系统、城市的公共空间、大型公园规划，小尺度指广场、街道、庭园花园、小游园、小品等的设计。根据我们做武夷山风景点的规划设计经验，总体只是一种相对控制，而景点的规划设计尤其重要，直接影响人们的使用，具体的造型和空间组合，它的选址、性质、规模都十分紧要。同样在张家界的实践中也深深地体会到这一点，且要强调地区建筑风格的特色。

风景园林学（这里我们称之为景观学），最早提出的人是为意大利人奥姆斯特，当时称为 Landscape Architecture，有多种意译，如造园学、风景园林学、景观学等。进一步是十分重要地将生态意识纳入其内。景观学是一门建立在广泛的自然科学和人文艺术科学基础上的学科，它现在已与建筑学、城市规划学并列为教育上的一级学科，它们相互贯通，互为利用。山地景观要为城市建设增加特色，我们要尊重自然（即地形地理和地址）、尊重生态（即生态环境）、尊重人文（即人们的现存文化遗产）。同时我们也要加强基础知识、基本理论和基本技巧的应用，还要有法制意识，有遵法、依法的法律观念。

在当今全球化、文化趋同的条件下，我们主张趋同化要与地域风格组合起来，使之成为一种有特色的景园文化。山地景观形态应当融入城市形态和乡村形态之中，同样进行一体化研究，不宜分割，而是实实在在地研究，切不可是"虚的"，而应以一种科学态度对待山地。

山地最大的特点是它有坡（斜坡的山地），如梯田由上向下层层跌落。如同研究城市建筑一样，我们用"轴"、"核"、"群"、"架"、"皮"来概括，那么对山地来讲则加一个字即"敞"，是为有由上向下多角度的视野。

"轴"，两点一线联系起来成为一根轴，在山地则沿路、沿山谷和山脊等为轴。一种路是人车可以行的，一种是虚的，可以明显从山上看到的。轴在城市中不是圆心，而是从起始看到所能见的终极。道路中有人有车也可以有绿色，在一块斜坡地上，路只能迂回，按道路的坡来组织路网，其中步行道路可以陡，可以曲线形、非对称形、复合形来组织。轴既是显性的，也是隐性的。

"核"是"心"，是中心，一般是商贸中心，中心可以镶嵌绿地，使中心有休憩的地方，也即是生态要求。核中有轴，也有界面，因为核中也要组织空间、创造空间，一般来说在山地中选择较为平坦的地方作为中心的选择地。其中节点也是次中心的位置，由于地形的条件通常是不规则的，依山势而筑，甚至可以自由组织高低不平的地形来进行规划设计。

"架"，山地城市的构架决定于地形，如兰州，沿着黄河呈带状，而两侧的山只能以绿色嵌入城市，其城市的地块也是大小不等的。山地城市的构架形式有立体自由布局形式、陡坡曲行的道路形式、自由变换的空间组合，都可以创造一种寻求意境的趣味。山地城市竖向台地具有空间变化，而道路交通则以通畅为主。

"皮"指界面，指建筑与建筑、建筑与自然之间的关系。其天际线（Silhouette）是多维的，要找出主要观赏点。但山地的界面是多层次的，它又有一个依山傍水的水平面线和岸线起伏的对比。

"敞"即 Open，当有敞必有"聚"（Open and Enclosed）。敞和聚是相对的，敞一般由上向下瞭望，而聚则是由下往上。建筑师、规划师、园林师视具体情况而定，在组织景观廊道和规划设计时应与道路交通地形密切结合起来。重庆是国内最大的山城，各种景观形态都汇集一城，所以山地景观形态应多有参考，视觉上有单项的、复合的、多维的。

我在《建筑群的观赏》中曾提到有动态的观赏和群山观赏，再还有汽车中的观赏。

传统的民居在山地筑屋方面有众多的设计方法可供参考，如：

（1）筑台；

（2）挑；

（3）吊；

（4）坡；

（5）抱；

（6）梭；

（7）靠；

（8）跨；

（9）架；

（10）错；

（11）分；

（12）合。

由于山地有砌壁，所以不得不采用立体的生态绿化。

在现代城市中人车分流是个重要原则。

此外我们的观赏有视距的差别，则是"远望之以取其势，近看之以取其质"。当然色彩在视距中起着重要作用，最明显是"白"色，其次是"红"色。在山地也多雾的地方，特别是冬季，多雾的迷茫也是一种空白视觉现象，一种视景。

我们从行为心理上来分析，民族心里的天人合一观，也就是在动态、静态的一切视觉范围中的一种整体观。

山地城市形态极为复杂，城市要适应自然地形，尽可能少地改变地形地貌，更不宜用推土机将地推平。它的绿化既有平地也有山城的特点，但山城欲增加立体绿化手法，应注意以下几点：

（1）总体绿化与城市；

（2）分层高地的立体绿化；

（3）不同高度的生态流；

（4）坡地不同高地的生态流。

总之其空间形态是多样的，有绿化布置在江滨的半岛山地，又有从石缝中突出来的，显示了多样性。

香港滨临维多利亚湾，是滨水城市，但又是山地城市，许多高楼住宅建于山地，香港注重景观的设计和处理，城市显得美丽和壮观。如处理高楼与高楼之间的关系时，高楼顶层齐头平，在自然的山景映衬下的建筑是整体齐平的。

我们的城市建设沿袭了传统的做法，这是"观念的城市"，而未来希望则是"城市的建筑"，即有理想的绿色景观，要讲生态、讲可持续发展、讲科学发展地研究景观。我们要十分强调机制和法治的特点，不可以过多加以个人意志。

全球有2/3是山地，在国外如意大利的山地园林则有叠落式的轴线水池和台池，有许多值得借鉴的地方。

我国西南是多民族聚居的地方，我们要融进地方特色，创新是本。

3.7 传统建筑与景园形态
Traditional Architecture and Garden Form

图 3-7-1　四川传统风景建筑地貌特征及地区分布示意图

以四川为例。四川有极为丰富的地形和地貌类型（图 3-7-1）。

四川平原水乡的风景建筑，有因水而生的娟秀、清雅，其中多有交往的多样性，有因交往而产生的建筑形式。低山丘陵则有三种典型标志，如乐山大佛、都江堰、城隍庙三殿。景观的要点是层次和山形，而在山丘地带，群体的组合亦是重要景观。如都江堰二王庙曲折多变的轴线，使其空间组合极为丰富，多层次的横断面构成丰富多意的景观，险峻而粗犷。又如广元千佛崖等景观建筑（图 3-7-2），有雄、有险、有灵、有秀，一夫当关，万夫莫开。羌族的防御性高塔犹如村落中的高层建筑群，高楼林立，特具风格。

植被是衬托风景建筑不可缺少的条件之一，且植物的配置也是一种软质的空间组合，是人活动观赏的"场"之一，我们需要作总体把握。

风景建筑与绿色环境，二者融合，缺一不可。不同层次的认识得出不同的效果，文化的修养、人们的文明程度给风景建筑以提升，反过来又对建筑补给养料，使建筑和建筑群更高雅的，二者相映成趣，相互匹配。建筑的格调凸显林木的特征，而自然植物是建筑与自然相融的载体，我们可以设想田园诗人陶渊明的"采菊东篱下，悠然见南山"的诗句的情、景。而今人们不能脱离尘世，欲能陶冶心情，必要"乐于助人，坦荡胸怀"，能团结人，安定天下，团结奋进以治国，以保家，使人们生活工作有紧张，有闲适。

再论不同气候条件下风景建筑的技术手段。四川因东西地形有显著差异，呈现出川东盆地亚热带湿润气候和川西高原干寒气候两种明显不同的类型。川东为亚热带湿润气候区，适用利于通风、防潮的墙体构造，适应湿润气候的结构形式，如轻型墙体、轻型结构等（图 3-7-3）。

川西高原干寒气候区风景建筑，宜采用封闭厚实、避风向阳的选址布局

图 3-7-2　广元千佛崖等景观建筑
（图片来源：应文）

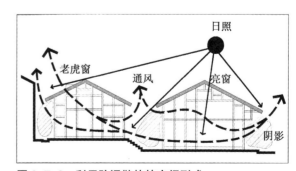

图 3-7-3　利于除湿散热的空间形式

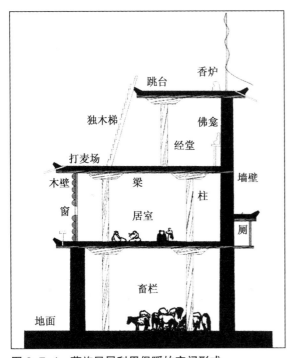

图3-7-4 藏族民居利用保暖的空间形式
（图片来源：应文）

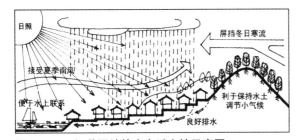

图3-7-5 河谷湿地的生态适宜性示意图

方式，利于保温隔热的建筑材料，利于挡风保暖的空间形式，兼顾纳凉与遮阳的建筑造型（图3-7-4）。

而不同自然灾害条件下的风景建筑采用各异的防灾技术。为躲避自然灾害而呈现出不同的聚落形态和利于躲避灾害的择址特征，如河谷湿地呈现的生态适宜性（图3-7-5），羌锋寨对水资源的利用（图3-7-6）、聚落的断裂式布局及便于流动的毡帐，还有凉山彝族易于拆装的框架结构等。为应对自然灾害有相应的技术手段和宜于山地生态的结构形式，如带有弧线的建筑外轮廓和带一定凹面的建筑外墙，地震多发区常用箱型木墙结构。总之先民和当地人民遵守自然规律，即所谓"自然无为"，在低生产力条件下以适应自然来应对灾害，即"天有其时，地有其财，人有其治，夫是之谓能参"。所以生态建设，重中之重是尊重各类自然灾害现象，节约与综合利用，协调各行业之间的矛盾，可谓与洪水共生，还河流于自然，变生态适宜性为原生态适宜性。我认为不宜过度开发，而应保护生态，不宜过多地开发水电水库，着力保护风景自然。这一点我们倍加论述，使管理部门有清醒的认识。

我们要重视不同民族聚居区风景建筑各异的民族性格，对各民族的特性作出了分析，他们朴实、粗犷、热情奔放，有的爱好装饰而倾向于繁复的装饰意趣，有的注重等级而强调位序。

儒、道、佛交融区的风景建筑，追求建筑环境意趣，追求超凡脱俗的理想境界，可见先人重秩序、重礼以求安定，追求观赏性、娱乐性和伦理性，这是一种中华民族的"天人合一"的观念。建筑精神透射出繁复的信仰构成，必然导致建筑总体的因势利导。追求均衡，在均衡中求对称，在复杂中求平衡，形成一种自然的审美观。风水学实质是原生态的环境学。自然山川是变化的，我们的研究要因势利导，即"若山无情，水无意，则失地理之本旨矣"。人类在认识自然之前由知之甚少到知之甚多，这是一种朴素的科学发展观。

我们研究风景建筑的种种现象，要与自然的组织群体空间联系起来，要研究传统的"长幼有序"的"层次观"，要研究人的生活方式以及所采取的"法"。过河要有桥联系交往，贸易要有路，由分散到集聚是一个进步。活动的精神、休憩的需要成为社会共识的一种精神层次。再来看看这些先民所创造的建筑，人们会大喊一声"好现代呀"。不论入世还是脱世，都有人性一面，共性一面，这是朴实的"以人为本"的人本主义。从共性中找到个性的幽灵，追求生态的空间，即自然和人的行为求得的要素。

文化是社会的物质和精神的总和。我们讲形态是"活"的形态，是"动"的形态，是发生、发展延续的形态。人们求得的应当是活的知识，是可变的、辩证的、发展的，在知识爆炸的时代中，我们力求创新，创新才能分析、批判过去。

事物都是有两面性的，在我们建设的同时没有重视节能减排，致使有的城市缺水污染严重，有的河流干涸，我们发现，出现了不少资源枯竭型的城市，有的有碍于转型。怎样成为可持续的发展，要下大力气。我们正在转型，我们要做和正在做的工作不能重犯已犯下的错误，不能再耗费不该用的资源。我讲科学发展观，要做到真实，不能是虚的，世界真实最宝贵。我们的工作要经得起历史的考验，对历史负责，更要推进民主改革。

总之，影响城市景观和风景建筑景观的因素有以下几条：

（1）政治体制、机制与相关的政策条例。在传统的建筑中指的就是形制，如古代的《营造法式》由政府制定，用于官式建筑，而民间则有匠人自由自

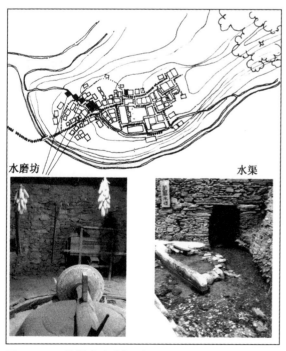

图3-7-6　羌锋寨水资源利用

如地构建。四川风景建筑受到传统工艺的影响，亦有地区的特点，住宅、寺庙大多由地方匠人建造。

（2）自然地形地貌。四川位于我国的大西南，有众多的山和水流，川东和川西不一样，川北和川南亦有差别，在不同的地形下都要防止泥石流等自然灾害。人们总寻求安全的地方来筑屋，所以方式和形式有差异，或取材于木料，或取材于竹，或用土坯，或混合，不能不说它是重要影响因素之一。

（3）气候环境。四川属于亚热带，山区内又有小气候，山上、山下与水滨的气候是不一样的，对日照通风要求也有差别，在高山上同温层的表现亦有差异，加上利用的材料不一样，故能筑出不同风格的建筑。

（4）民族的集聚。四川是多民族群居的地区，各民族在历史上总是和谐的，也有民族之间和本族之间的争斗，羌族筑高塔、碉堡，防患于敌人，有的开明地区与汉民族通融，则相互影响，遗存的建筑物证明了这一点，所以从民族特色来区分，从衣饰到建筑都带来了差异。民族的习俗、居住方式给传统建筑带来了影响。

（5）自然交通与现代交通。这大大影响了城市和乡镇的建设，使大、中、小城市的建筑形式有了变化，从用材到住居方式也随之而变，而信息社会下城市里的文明、文化很快就会传到乡村，传统的农村地区很快跟上城市甚至跨越式地前进。

（6）绿色植被。它是组成人类聚居不可缺少的条件。人们可以看到不同的植物群，可见生物的多样化。它们都是人类急需保护的种类，它们是景观之主，也是最重要的配景，它们可与奇山假石共同与建筑相融合、相匹配。我们要十分重视大树和名贵树种栽培。

（7）城市化的进程影响传统建筑的转化。我们规划、建筑设计以及园林专业要在转化、传承中去创新，创造一种有地区性的现代建筑和景观、规划。西部相对于东部的发达地区是有差距的，开发西部、西北是我们的责任，使之共同奔向小康社会的集群。我们讲城市化要稳步前进。随着经济的发展和进一步开放，我们更能促进经济的发展，逐步增加农民收入，使城市景观更加现代化，使乡村与城市互相融合。

（8）材料和结构的变化。材料的变化使传统风格各异，而现代结构使城乡建筑面貌各异。传统建筑用木、竹、石、土坯，有适应地形的各种山地建筑形式，采用充分利用高差和不等坡的种种处理方式。

（9）节能。传统建筑是能耗较低的建筑，是节能的。我们当今使用的钢筋混凝土建筑则是高耗能的，节能减排是我们重要的任务，与此同时节约用水，处理好排水排污和垃圾，采取科学的态度和方法措施最为重要。特别在山地不同地区科学修筑基础设施，包括道路交通、地下的有组织排水、水处理等。

（10）城市规划与设计。城市规划是龙头，设计是现代建筑的具体化，从传统到现代有不同的进程，我们可以从中找出规律性的东西，精心规划的同时也要有精心地设计。建筑师、规划师、园林师，都要自我要求做好为人民服务的工作，求得核心价值体系和价值观。各地政府要在党的统一领导下，服务于社会，成为学习型、创新型的工作者。

3.8 建筑环境中的植被构型
Vegetation Configuration in Architectural Environment

植物的配置和构型大体上都要遵循以下的原则：

（1）建筑与植物的空间之间的互动关系，都要有组合的空间感。

（2）观赏一个群有动的观赏和静的观赏，即观赏的连续性。

（3）观赏总有远、中、近之分，近景为框景和小品及其他，中景为主要的视景，而远景则是配景，三者相互配合相得益彰。

（4）在主群体中总有一个相对的主导物，以建筑为主式，以树木、山石为辅助的形式。

（5）尺度是必要的，要控制当下的尺度及将来发展的尺度，要进行近期或远期比较，注重比例、陪衬。

（6）建筑色彩与植物色彩需要相匹配，通常以建筑为主，并十分注重空间。

（7）注重植物的群落及其树干的冠状及其外形（Outline）、侧影（Silhouette）。

（8）把景观看成有地区性，且是大地景观（Earthscape），不仅立体且有垂直立面，在山地、坡地中最为明显。

（9）研究植物的生长期，要把乔木、灌木、本草等作为整体来研究，注意不同季节色彩的变化。

（10）整体的宜居的是为不可缺少的组成部分。

在历史上不论东方西方，都积累了许许多多的优秀实例，都值得我们学习和借鉴。世界园林大体上分为中国园林（含日本园林），阿拉伯园林，西方意大利、英国及俄罗斯园林。在我国，北方有宫廷园林，如圆明园、颐和园，及承德避暑山庄的园林等；南方有苏州园林、扬州园林及广东一带的园林。它们风格各异，有地区的特点。从使用功能上，又分为寺庙园林、宫廷园林

图 3-8-1　伊甸园

及住宅私家园林，各具特色，风格各异。

　　圣经中所描述的亚当夏娃居于伊甸园（图3-8-1），该是西方园林最早被提及的，其他早期的园林有如古埃及园林，再有古巴比伦空中花园以及古希腊、古罗马园林，都是与绿色相伴随。古罗马的园林继承了古希腊的传统，花园是内向的，几何形式的，植物景观成为建筑与自然环境的中介。中世纪的宗教建筑，是为寺院园林，有内向的宅院。伊斯兰的天园（Jannah），最最著名的是阿尔汉布拉宫桃金娘中庭（图3-8-2），内庭园水池居于轴线上，轴线一端为著名的宫和回廊。文艺复兴起源于意大利佛罗伦萨，此期的园林将绿色和几何形相互关联，如兰特庄园（图3-8-3），将植物配置与建筑造型整体来考虑，在园外更可以欣赏大自然的美景。

　　17—18世纪的巴洛克建筑及其风格是在文艺复兴基础上发展的，主张动态并富有装饰性，使用曲面和椭圆形，总的还未脱离几何形的拼接。而英国园林则崇尚自然，不赞成用经过修缮的植物，主张建筑设计与花园设计成为一个有机的整体。现代柯布西耶在法国巴黎的萨伏伊修建了屋顶花园，其后美国洛克菲勒中心屋顶花园也用被修剪的灌木与建筑相匹配。在法国路易十四大兴园林的建设，最著名的是巴黎郊区富康花园，那里有公爵府，侧面有拱门，一侧为马厩（现为售票点），由公爵府前平台下台阶，即为有轴线的公园，每一台阶均有雕像、花坛和小品。纵长的轴线壮丽而美观，顶端有一个"丁"字形的水池，人们绕着走，可见一座小丘上有猎人雕像。此轴线是园林中最美的轴线之一。再即是凡尔赛宫及大花园，花园对面凡尔赛宫内有豪华大厅（用作餐厅及舞厅）。大花园呈放射几何形，周围是森林公园，气势宏大，是为西方园林之最。此外在巴黎近市区还有卢森堡公园，均属于西方传统公园。现代公园有拉维莱特（La Villette），大片草皮上是方格子的

图3-8-2　阿尔汉布拉宫桃金娘中庭

图3-8-3　兰特庄园

路，悬吊了飞机和其他现代装饰，隔一条河即为科技馆。法国的枫丹白露也是传统园林，也甚出名。著名的大公园还有伦敦的海德公园，其中有阿尔伯特纪念亭，还有装饰和雕塑等。随着时代的前进，园林艺术考虑到大地景观，以自然为背景加上大型装饰来组织景观。

由园林师哈格里夫斯（George Hargreaves，1951）在加利福尼亚州纳帕（Napa）山谷中设计的匝铺（Villa Zapu）别墅花园中的植物景观形式，是采用同心圆形成抽象波浪形的绿色景观，属于后现代主义建筑和景观设计的最美典范。由英国著名评论家查尔斯·睿克斯（Charles Jencks，1945）在苏格兰南部设计的宇宙思考花园（Garden of Cosmic Speculation），声称"形式追随宇宙"。

在我国古代有着丰富的园圃记载，明末著《园冶》就是名著之一，而留下的园林如苏州、扬州园林都是明末、清代的遗产。清朝的圆明园是最出色的皇家花园，惜乎1840年，鸦片战争时被八国联军摧毁。再有颐和园也是北京的名园。在江南苏州、扬州的私家园林均为住宅园林，还有无锡的谐趣园，都是人们公认的咫尺山林，浓缩自然于园林。苏州是地方富人集居的城市，在苏州最负盛名的有拙政园、狮子林、网师园、留园，解放前虽然遭到损坏，解放后都经过整修。刘敦桢主编的《苏州古典园林》都将实例写入专著。之后《江南园林图录》（刘先觉、潘谷西合编），南京林学院陈植的《造园学》，同济大学陈从周的《扬州园林》也相继问世。我国于2011年把

风景园林学科升级为一级学科，风景园林更被我国高校所重视。

全球气候变暖，带来了新的课题，不仅要节能减排，且要强化绿色建筑技术。

先从植物和建筑及人的活动的场来论述。一般建筑的空间是实的，而包含的使用的空间是虚的，但却是活动的场。我们讲场论就是指活动的场，人活动程序的场。人与人的交往，人与社会交往，动态的，静态的都是一种场。而植物配置只有当人们说到这儿时才有时间段的"场"。"场"——场所精神是建筑理论家诺伯舒兹（Christian Norberg Schulz）提出的，包含人感觉的、触觉的、嗅觉的，人们的情谊，即是"以人为本"的思想。有人和没有人是不一样的，那么有人可认为是空间场，反之为虚。所以建筑内、群体内的主导、关系，都是一种现象。人感觉到建筑的实体及其视觉看到的形象符号，又可以关联起来。存在有"意义"，"关系"更有意义。这又和意义学有关联，世上一切存在的事物，都会有意义的。我们更要将人的活动联系在一起。我们组织空间、创造空间都从这个角度出发来延伸，这就是把现象学、符号学、意义学都串在一起的"场论"，更好地从人的行为科学上去体验。人类的事物往往相同，但不同的视觉、不同的认识和说法，在感官系统得到不同的说法。各种学说都从自己的认识体验出发，提出一种理论。而研究宜居环境整体建筑学就要辩证地分析，整体地研究，使之得到一种科学的观点，这是科学发展观的认识观。

我们要探索建筑与植物配置的关系。建筑与建筑群之间

有空间组合的关系，而植物配置也有其空间组合关系，至于联系一体化，那么它们的整合又有新的变化。

构型的原则是与建筑构型有所区别，其原因是它是复合的、配合的、一体的，再者绿色的树木花草有其自身的植物特点。总的相比，于建筑而言，是柔和且软质的。

木本植物中，水杉是速生树，十年之内可以长到20余米，在陵园建设中，可很快成为一种配景。梧桐中法国梧桐树干的皮甚美，树荫茂密，南京中山陵陵园道的高大梧桐树，甚为壮观。柏树，生长期慢，价值昂贵，不宜做行道树。再有大槐树，高大可作为景点的独特树木。要研究植物群组或单株的造型，剖析树形是很重要的。

树冠是组织树群时的最佳选择，是植物的基本形态（图3-8-4、图3-8-5）。纺锤形的植物增强空间高度，我们也可以从不同形态树冠得知一二。

（1）有垂直向上形，如纺锤形、圆锥形、钢帽形等。

（2）水平展开形，有分卵圆形、圆头形、平顶伞形、偃卧形、匍匐形。有的树冠经过人修剪形成特殊的形态。

绿色的树最可以作为城市组成界面之一，它与建筑联排形成街道的立面，此外绿化是构成景观美的要求。

（1）除树冠以外，树的枝干的美不亚于树冠，有了它才有美的冠。

（2）树的影子映在墙面上，由于微风浅浅摇动，树影摇，给人一种遐思。

（3）大片的树木，最可以衬托美的建筑、雕像和纪念碑。在拉萨布达拉宫前我们设计的"西藏和平解放纪念碑"的背后是大片绿树和远山，衬托出碑的壮丽。在园林设计中，树影洒落地面，在草皮上是休憩的去处，在硬质地面也增加了空间层次。

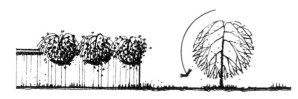

图3-8-4　圆头形植物的应用
（图片来源：霍丹.建筑环境的植物构建意义研究：[硕士学位论文].大连：大连理工大学，2009）

图3-8-5　纺锤形植物的应用
（图片来源：霍丹.建筑环境的植物构建意义研究：[硕士学位论文].大连：大连理工大学，2009）

植物对建筑环境构型可分几个层次。植物通过自身的组织提升建筑功能的性质和质量，它与建筑可以软硬融合，共同组织空间意象。植物形式可以衬托建筑造型的赏心悦目，植物景观的形、色、影、质使建筑本体与建筑环境所表达的深层结构得到深化和提升。植物景观是与生俱来的自然属性，超越了存在的形式，跨越时空，提升了建筑美感。正好比观察建筑物时，我们注视着天空、地坪及绿色的背景，其重要性可见而知。

回过头来，我们再探讨植物配置的魅力。

植物总以绿色为主，但随着季节的变化，色彩也在变，冬落叶，秋黄叶与红叶，夏日绿叶，有时呈现多种的绿，而春天则是翠绿嫩叶，各季节迥然不同。树有常青树和落叶树，绿色有嫩绿、浅绿、深绿、黄绿、褐绿、蓝绿、墨绿，我们在配置时要分色彩和色泽。我们可以按色彩来分类、按种类来分类、按季节来分类：

（1）春季树木的色彩变化特点。叶片刚刚萌发，饱和度较低，形状都是线状而不是块状，色彩存在时间短。

（2）夏季植物的颜色特点。色相基本相同，都属于绿色系，从色彩分类有蓝绿、深绿、浅绿、黄绿、灰绿等五个等级，持续时间长，绿色成为主旋律。

（3）秋季植物的颜色特点。成霜后，常青树会变色，而大多数落叶树变黄色，也有变红色的。在长江流域和华北，其变色的时间不一样。秋季植物色彩亮丽，有绿、红、暗红、深红、鲜红、紫红、橙红、橙黄、金黄、黄、柠檬黄。

（4）冬季植物的特色。在北方，冬季景观色彩主要由针叶树组成，但是终年常绿，色彩比较单一，沉闷而压抑。彩叶针叶树的出现则展现出独特的魅力，改善了冬季以观枝为主的景观。我国常见品种有洒金龙柏、粉绿云杉、矮紫杉、金叶雪松等。我们极粗略地了解植物色彩的变化，有利于我们研究植物配置及其构型（附表）。

在中国的传统建筑中，色彩分青、赤、黄、黑、白五个原色，皇家是黄色琉璃，也有青色沟边，直至明清时期又有白、黄、棕、绿、蓝、紫、黑，黑色包含着灰色。现代建筑师崇尚个人的爱好，但也受制于时尚的色彩等，都和创作有关。总之以平和、稳妥、持久把握植物色彩的变化，求得对比和和谐。一切空间都处在立体状态，建筑是相对永久的，而植物有的生长更长时间，如南京东南大学的六朝松还有生命，可建筑已不知换了几代。

我们的观点是有机、和谐、均衡。

在构型中仍然是突出主宰（Dominant）、尺度和陪衬（Scale and Proportion）、均衡（Balance）、色彩（Color）、微差、隐喻、对比等原则，最终设计者的感悟和灵感至为紧要。

附表　常见不同树种花色、花期配置

季节	白色或近于白色	红色或近于红色	黄色	紫色或近于紫色
春（3–4 月）	白玉兰、白鹃梅、笑靥花、梨、杜梨、山桃、白花、山碧桃、白丁香、山茶、含笑、白花杜鹃、流苏、石楠、绣线菊	榆叶梅、山桃、山杏、碧桃、垂丝海棠、贴梗海棠、樱花、山茶、杜鹃、刺桐、木棉、红千层	迎春、腊梅、金钟花、连翘、黄金梅、羊蹄甲、黄素馨、黄兰、相思树	紫黄、紫荆、紫丁香、玉兰，九重葛、山紫荆、映山红、山茶
夏（5–7 月）	山植、文冠果、玫瑰、七叶树、木绣球、天目琼花、木模、太平花、鸽子树、四照花、白兰花、银薇、栀子花、刺槐、国槐、白花紫藤、广玉兰	合欢、蔷薇、玫瑰、石榴、紫薇、凌霄、凤凰木	锦鸡儿、云实、鹅掌楸、檫、黄槐、鸡蛋花、黄花夹竹桃、大花软枝黄蝉、波斯皂夹、银桦	楸树、紫薇、麻油藤
秋（8–10 月）	油茶、银薇	紫薇、木芙蓉	桂花、栗树	木槿、紫薇、紫羊蹄甲、九重葛
冬（11–2 月）	梅	一品红、山茶、梅	腊梅	

4 建筑构型

Architectural Configuration

4.1 简述
Brief Account

公元前 1 世纪罗马建筑师维特鲁威在他所著的《建筑十书》中提到建筑三要素，即实用、坚固、美观，可见建筑审美的重要性。

建筑构型是一个美学和建筑艺术问题。起称构图，后又叫做构成，现叫构型。我以为构型为妥，因建筑与建筑群是一种空间与形体及其环境的关系，且富有意义。

1920 年代至 1950 年代，有四本书分别从不同角度讨论了建筑构型这个共同的主题：*Principles of Architectural Composition*（建筑构图原理），作者约翰·F. 罗宾逊（John Beverley Robinson），*The Secrets of Architectural Composition*（建筑构型的秘密），作者柯蒂斯（Nathaniel Cortlandt Curtis），*The Study of Architectural Design*（建筑设计研究），作者约翰·F. 哈贝森（John F. Harbeson），以及 *Forms and Functions of Twentieth-Century Architecture*（建筑形式美的原则），作者塔伯特·哈姆森（Talbot Hamlin）。

Principles of Architectural Composition，全文主要讲立面的构图、统一性（Unity），讲体块（Masses）、形状与体量、第二要素（次要素）、性格（Character）、细部、比例、建筑平面、立面和平面的关系、功能（Function）等。其中的插图均为新古典时期的建筑。

The Secrets of Architectural Composition 这本书中提到：建筑规则、建筑要素，如穹顶、墙、天花、地面、拱顶；平面的构图及其要素，建筑物的交接；垂直交通、走廊、踏步、楼梯、地面拼饰；体型组合，包括高层的立面组合——当时用的是墙，所以以墙身来组合空间，均为新古典样式。此书还展示了美国当时著名建筑师 Paul Cret 的作品，强调几何形、封闭的组合院落、结合地形的组织等。总的还处于传统的构图时期。

Forms and Functions of Twentieth-Century Architecture，讲到统一、平衡、陪衬、尺度、节奏、规则和不规则的程序设计、特性、风格、建筑色彩、建筑结构和构造。这本书囊括了近现代建筑和古代建筑，它已接近我们的时代，把构图从立面造型转向一般性的规律，其综合归纳对初学建筑的建筑师有一定的学习价值。

总结而言，这四本书同时概括了建筑构型的五个重要方面：强调轴的划分（图 4-1-1）；注重立面设计（图 4-1-2）；空间转换时用几何形并填黑（图 4-1-3）；强调对称与不对称（图 4-1-4）；开始了新建筑，带有古典建筑的痕迹（图 4-1-5）。

建筑设计的过程是由人们对设计意图、甲方要求，及其使用的各种功能、使用需要、空间容积率、层数等等任务书做出回应，设计者应组织空间，画出建筑立面、侧面、剖面（包括地下室及屋顶）。高楼则要设计出高层布置、电梯的位置及相应的必要设备，这是现代建筑所必需的。这是一个组织空间的过程。简单地说，是从"物"到"图"，又从"图"到"物"的设计。但建筑设计有传承性，有转化，更重要的是有创新。设计者要有感悟，要有想象力，有空间组合能力。

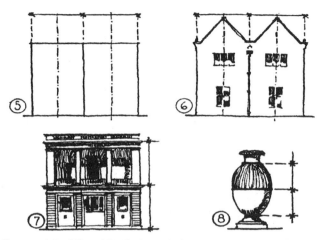

FIGS. 5 and 6.—Effect of Duality lessened where shapes are less strongly marked.
FIGS. 7 and 8.—Duality lessened by differences of tone and texture.

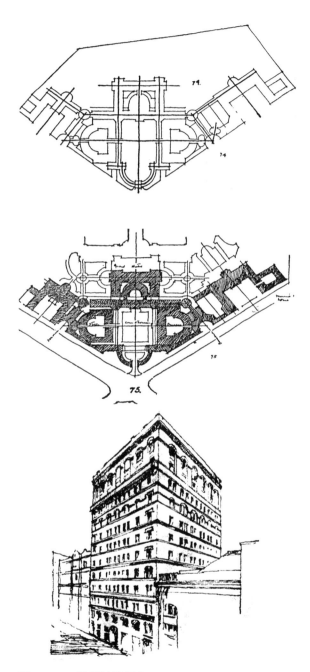

图 4-1-1　强调轴的划分
（图片来源：Nathaniel Cortlandt Curtis ． The Secrets of Architectural Composition. New York: Dover Publications Inc.，1923: 81 ）

图 4-1-2　注重立面设计
（图片来源：John Beverley Robinson.Principles of Architectural Composition. London: The Architectural Press，1924 ）

　　现代建筑的崛起和传播，波及全球，但文化传播的特点告诫我们，一般由强势文化向弱势文化倾斜。现代建筑自身的发展又有诸多流派，它与传统的建筑有碰撞，与地区的传统和现代建筑有碰撞，而新的建筑又与世界建筑产生碰撞，各个进程又有时尚的流动，各建筑师有自己的背景、经历和个性表现，都融入世界的建筑中去。

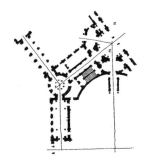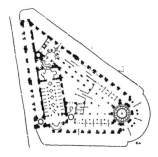

图 4-1-3 空间转换时用几何形并填黑
（图片来源：Nathaniel Cortlandt Curtis . The Secrets of Architectural Composition. New York:Dover Publications Inc.， 1923）

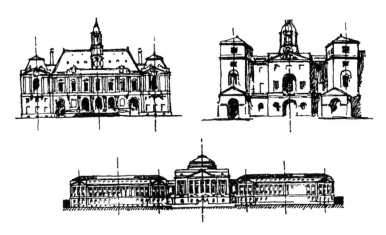

人类自古以来有着共同的审美标准和特点，又有众多的个性，从古典构图、空间组合到构型能看出其复杂的一面。我们只是做些探索。

现代建筑的理念与时代发展的各种学科的研究有相关的关系，如与形态学、生物学（Morphology），与意义学，与符号学，物质和精神所表现的符号也存在着关系，再如与类型学也有密切关系。我们在归纳时不妨加以考虑。

自然生态，与人与建筑有关系，社会生态与人和建筑也有关系。自然地形、山地、平原、河流都与人和建筑有关，建造、建材都体现建筑与自然的关系。

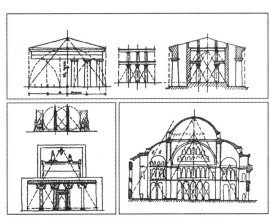

图 4-1-4 强调对称与不对称
（图片来源：John Beverley Robinson. Principles of Architectural Composition. London: The Architectural Press，1924）

各地城市长期积累的习俗、习惯也影响现代建筑的构型。人的行为和心理都直接、间接地影响现代建筑的特点。发达国家中由于现代建筑起始于不同时间段，所以在风格上也会有差异。我们在差异中可以学习一些优秀的实例，增长我们对现代建筑的理解。

可以认为多风格、多元化在趋同中求统一是我们要研究的。

构型是人们的主观观赏和被观赏者的客体之间的对话，主观包括直觉、感觉、反映，甚至灵感，而客体则包括各种形态、线性、色彩、质地等。客体处于主导地位甚至是标志性的，随着时代千变万化。主体的观赏有心理作用，受观赏水平和判断能力的影响。

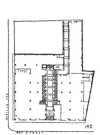

图 4-1-5 开始了新建筑，带有古典建筑的痕迹
（图片来源：Nathaniel Cortlandt Curtis . The Secrets of Architectural Composition. New York:Dover Publications Inc.， 1923）

4.2 整体与主宰
Holistic and Dominate

整体在构型上表现为几层意思，表现为从各个视角来作出造型的设计，不只是立面、侧面，而且包括俯视、仰视、室内外及其小的周围环境。有的学者提出整体设计（Holistic Design）。作为室内器皿，家具等等都是有单位的设计，但是也要与室内空间相匹配、相适宜。

任何事物都可以看成是一个整体，规划设计一个区域、街区、城市，其建筑、建筑群体是个整体，所以设计者要有整体思想的观念，即一切皆设计。平常我们一讲起建设来就会说"规划规划"，我们更要补一句"设计设计"。

整体是相对的，有主次，有大小，在形态的关系中强势可以转换成弱势的，弱势也可以转换成强势，例如宫殿，强势，为帝王所有，一但改朝换代也即化为灰烬，这在历史中是常态。所以建筑有新建、改建、改善、更新和再生，有时建筑也可以拼接。

建筑的空间，有大小、有主次，如小住宅有客厅、卧室、厕所、厨房。有时大的空间内外交融，如哥本哈根的市政厅内柱廊内外贯通，成为空间的主体。建筑的整体需要整合，包括周围的环境和绿化、道路等等。

建筑犹如社会中的一分子，一旦在城市中建立，它就会与社会的人对话，使人知道它在那儿，多少层，什么样式，什么色彩，它有城市命名的街道门牌，便于人们识别。城市的标志性建筑，常常高大而视觉显著，如北京的天安门有历史意义，是紫禁城的大门又是广场主景之一，它的形象被嵌入国徽之中，是我们国家的标志性建筑（图4-2-1）。

一排排的汽车，一排排的自行车，即使车型相同，车主也能找到自己的车，除去车号以外总能找到自己车的细节，如自行车上的锁、汽车的内饰挂件、停车位的差异。这就是细节影响识别、细节决定一切的道理，所以我们的建筑设计在类同的未来中要求得自己的细节。

图 4-2-1　天安门广场

在一个空间或房间内，如果主墙面上挂着"奠"字，用黑布加白字，人们会确认这是一个追悼会的场所；如果主墙面上挂着婚纱照和红布绸带，人们会确认为这是一个新婚的场所。我认为这是次要空间的设计，即在已形成的主空间某一界面上或某一部位上有自己的摆设，使人们的识别性提高。

我们也会感受到空间的扩大和缩小，当空间什么也没有，会感到这是实实在在的空间，当房间中布置了很乱的桌子，站了很多人，则会感到这个空间缩小了。我们的校园中，有低矮的绿灌布置在小街道上，使人感到空间会小一点，当把绿灌去掉，就会使人感到空间扩大了。我们在设计时，不论是群体、单体一定要把空间设计做好，这是一种制宜。设计者、管理者一定要有制宜和控制人群活动的"场"。我们研究这个"场"，要与人的活动性质特点结合起来。

人的活动主体有单体，也有群体，两者在空间中的行为是不一样的，活动的性质也不一样，造成的气氛、给我们的感觉也随之而异。把握住活动，再把握住场地，这是必要的手段。

主题、主宰、主导，都是指建筑的主要方面。构型中是为 Dominant，即主宰。如农村的小房子，其突出的是大门。在西方的群体如意大利威尼斯的圣马可广场，其主要建筑是为圣马可教堂，再就是圣马可教堂边的钟楼，也就是突出主宰建筑物。再如北京天安门广场，最突出的是人民英雄纪念碑，37.2 米高，它两侧为人民大会堂和中国国家博物馆，前为天安门，后为毛主席纪念堂，广场为 500 米 ×800 米。再有曲阜孔庙的主建筑则奎阁文阁和大成殿，它们主宰了整个轴线。巴黎的城市空间主宰物为巴黎铁塔和圣心教堂。南京则是最近建设的紫峰大厦，它的高度相近于紫金山，位于古城墙内的鼓楼广场，远高于周围的历史性建筑，但不失为一个标志物，有它存在的意义，这意义就让历史去评述吧。在奥地利维也纳有霍夫堡宫作为它的标志，但人们不会缅怀建城起始的在大街上的门框楼，可见意义也能决定一切、影响一切。城市的标志物也在城市的发展中形成，南京雨花台烈士陵园的革命烈士纪念碑高 42.3 米，所在山丘 60 米高，总达到 102.3 米高，但后来雨花阁又高高凸起，使之相比较为逊色。所以一切都要把控，建筑要取得协调、统一，并注意审美要求。城市中的高层不断地实行加法，高楼林立对要求低碳并不是一件好事。我们的标志物是否改变一下观念，强调绿色，强调环境的适宜、宜居。让人感到所在城市是一座美丽的城市，宜居的城市，那才是让人们身心健康的场所。今天我们要打造的，即是"宜居"，是整体的建筑学的理论。

我们应有传统的和现代的建筑审美观念增强生态观念，使宜居环境有更好的景观。

4.3 尺度与比例
Scale and Proportio

社会上管理要有个度,这个度建立在科学合理的基础上。没有管理的法治,社会秩序就混乱,所以规则是紧要的。但度是相对的,建筑设计也有一个度。人体的尺度,是建筑设计要考虑的基本要素,例如以大人、小孩的不同高度来衡量建筑空间的基本要求。在宜居生活中我们要知道尺度的重要性(图4-3-1)。

我曾问过一位老学长也是知名建筑师:"您一生设计了许多知名建筑,体会到什么是最重要的?"他回答说:"在设计中没有比尺度更重要的了。"因为建筑一旦建成,就难以修改,一定要把握好尺度。在居住建筑的卧室,其大小受到床的大小的影响,公共建筑有门厅,有许多人在这里进出或集聚,所以厅堂的高度在4米上下,再低了就不行。尺度有一个参照系。不同建筑都要从功能出发,从其功能需求来定尺度。如剧场设计中舞台口是基本要素,舞台设计时要考虑幕的分割和舞台机械的变动,所以除舞台尺寸外,要考虑舞台机械尺度的要求。人行的台阶在室外要有宜人的步行尺度,一般在320毫米×120毫米。从室内到室外,台阶宜于用毛糙的石料,不宜用光滑的面板,室外台阶每个踏步微微向外倾斜,不使雨天积水。

汽车及其停车场和车库也有尺度。小汽车的宽度,成为车道的尺度,如小汽车转弯半径为6米,小客车为12米,大客车为22米,这样我们可以推算出停车场、停车库的大小。所以城市各种设施都有度,这样城市就有相关规范可查。一个熟练的建筑师或规划师,需要熟悉相关的规范,而对"度",尺度,定型化。特殊情况经相关部门批准才可采用变通的方法。

前面讲了人和车的尺度,而群体和环境设计中要考虑环境的尺度(以群体为对象)。如果单体设计比例用1/150,1/300,1/100等,那么群体为1/1000,1/5000,1/10000。在设计淮安周恩来纪念馆时,那里有个桃花埝,是总理小时候玩耍的地方,还有三个小湖面。怎么设计这个群体?不少方案从

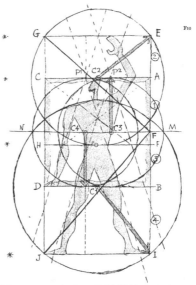

图 4-3-1　柯布西耶的模数理论（Modular）

湖的一侧进行，我们最后在中央填湖，打 30 米的桩，夯土，建纪念馆。这么大胆的设想考虑了人流、车流和纪念活动，并尽可能地节约投资，又不同于中山陵和美国林肯纪念堂等纪念性建筑的设计，采用了半开敞的四柱大厅，使纪念厅的四周与环境相融合，而高度与雨花台纪念馆、中山陵陵堂的高度相等，即 23 米，符合中国人的象征思维。环境是相对的，地段的环境相对于城市，处在对比之中。又如，我们置身于泰山，遥望南天门，其实南天门并不大也不高，但周围没有对比的建筑，绿色山体中的一点红，引人注目，映入人的视野，很自然就放大了。也好比意大利威尼斯的西诺利亚广场，呈"L"形，大卫像在小亭廊及城堡之间，人们说大卫像的头太大了，但是在有对比下，人的头会缩小一些。设计者、雕刻家要把握这种尺度，即注意形体的有对比和没有对比。

在传统的建筑时代，当时没有现代交通，人流和车马混杂，当时的规划师将街道和建筑的高宽比定为 1：2 等。现代的汽车交通，双车道，中间加上分隔带。一般林荫道宽达 80~100 米，加上两侧的绿化，成为城市重要的景观带。道路的宽狭也显示出城市的尺度。

Proportion，杨廷宝和梁思成译成"比例陪衬"，它与尺度一起来使用，即尺度与比例陪衬（Scale and Proportion），其意为尺度和相关关系的处理。传统建筑在西方文艺复兴后有严格的规则，而东方的中国则用明清营造法式比例来分析。在西方自古希腊、古罗马以来创立了五柱式等相关的比例，例如传统西方建筑墙面上有许多地方，如边柱，其尺度与柱子的比例有关。建筑的形体与建筑的关系，水平划分的粗线与建筑的关系，建筑的细部花饰与墙体的关系，以及局部与整体的关系，都在建筑的比例尺度控制之下。

一切与尺度相关都和比例相关。

现代的一些公共建筑有其个性，它们的尺度有自己的完整性。例如巴黎的蓬皮杜中心，它的高度考虑到周围环境，注意了环境尺度，它没有大的门厅，内部可以灵活隔断，适应不同功能的需要。再有美国建筑师弗兰克·盖里在西班牙毕尔巴鄂的古根海姆博物馆（图 4-3-2），是扭曲的非线性建筑，也是非常规设计，但给人们的客观印象是具有空间尺度的。建筑师柯布西耶设计的朗香教堂，其内部有牧师讲台和信徒的座位，采光利用墙厚的变化，使室内具有神秘感。可见适应社会的变化，考虑人的活动是基本的，但形式是可以变化的。

图 4-3-2　弗兰克·盖里设计的古根海姆博物馆

现代建筑的高层，合理科学地运用人的尺度，使建筑使用达到极致。

时代变迁，功能使用也大大地变化，功能是基本的，而以人为尺度是必需的。尺度一定要满足使用的要求，如苏州园林，原是由住宅发展起来，是为少数人使用的，其尺度宜人，人称"咫尺山林"，而今大量人涌入，就失去了尺度感。公共的和私人的尺度需要分开来评价（图4-3-3）。

尺度与比例是指建筑物与空间环境大小的关系，人与建筑的关系，以及建筑的局部、细部与整体的关系。

（1）人们最接近的地方有门、窗、桌、凳、床。单人床的尺寸为1.2米×2.0米×0.45米，门高为2.1米。有大量的人通过，则层高宜3.9米，显示其高度。人与接近的物再到空间是为尺度。

（2）没有比犯尺度的错误更大的错误了。设计要重视"适用"，"适用"就要注意尺度，尺度错了难以修改，甚至无法修改，因为建筑是一种物质生产，有经济和使用价值。

（3）传统建筑绝大多数是由人手工制造出来，它接近人，有亲近感。我们参观武夷山的下梅古镇，住宅的垂柱各个不同，都是由工匠手工制作的，其木雕、砖雕等等也都是艺术品，有历史价值，又有使用价值。

（4）工厂大批的产品由机器制造，正如戏剧大师卓别林所表现的，不是他的手在操作机器而是一切活动由机器操作。当时人们认为这是时髦品，当机器制造的产品成为艺术品或时髦的东西时，人们才认定它有价值。例如我架子上的模型，或难以得到的，或不断收集得来的，有的在当地不稀奇，而在这儿很稀奇，但是否有价值，就要看能否得到社会的认可。

（5）人类塑造了使用的空间，如工厂、学校、办公、图书馆，同时也塑造了纪念性的精神空间，如陵墓、纪念堂、纪念物等等。另一种精神空间如古埃及

图4-3-3　苏州拙政园

的金字塔、希腊的神殿、中世纪的教堂等，都是一种怀念、纪念的场所，用塑造一种空间、塑造一种精神氛围来感染人。现今的寺庙、教堂等等都是一种精神的空间，这是人们不知世界万物的构成的产物，即使知道了也有一种祈求。使用和精神合二为一，如宾馆的大堂，制造一种氛围来感染人。功能使用的尺度由人的需要而定，人称"人体工程"，如弯腰、并排走、坐、立等等所需要的尺度。而精神空间可以十分巨大，如苏联伏尔加格勒的塑像有 100 米高，巨大而使人感到震撼，是为打败法西斯敌人而塑造的。北京人民大会堂有非常大的空间，既是需要，又会使人们产生一种崇尚感。

（6）空间的尺度是靠对比——与自然对比、与城市对比、与乡镇对比而得出来的。在无比较和有比较的空间看尺度是不一样的，所以要把握，这是创作者的重要任务。意大利著名雕塑家米开朗琪罗雕刻国王像时，国王说像的鼻子大了一点，于是雕刻家手上拿了刻刀和一把粉爬上去，假装在雕刻，而手中的粉洒落，国王以为真的在雕刻，其实一点也未动。所以把握者在于雕刻家。

（7）空间感，对观者和塑造者都很重要。人说："跟着感觉走"，不无道理。在实体的设计规划中，我们就跟着实践走，从实践中求得真知，从实践中取得统一，还要从前人的作品中取得知识，取得理论。人贵在实践，有经验与无经验不一样，不断归纳总结，在实践中做到心中有数，不出大错误，并严格按规范办事，因为规范是一个时期的总结和国家的规定。

（8）陪衬，是在一个整体中主体和局部、局部和局部的关系，一般局部服从整体，局部与局部相互匹配。在城市中高大的建筑物和构筑物（铁塔、广播塔）等作为地标，而从属的群体要匹配得当。城市和群体的美就如鲜花和绿叶，要得体适宜。比例陪衬，Proportion，梁思成先生和杨廷宝先生共同译出这个词，这是很合理的。

（9）尺度和比例陪衬是相关的，在外部空间是为环境的尺度，周围的建筑群要与自然山水相配合，所以有人的尺度。著名建筑师柯布西耶画的人像就是典型事例。在做淮安周恩来纪念馆设计时，我们就用了环境的尺度和建筑的尺度之间的关系，"门框"用的是他家乡的形式，大门框尺度巨大，而小门框是人的尺度，人可以透过小门框而感受大门框。

（10）尺度与城市规模、性质、历史的成因有关系，南京的尺度就比较合理。有的小城市，为了求大，结果做了许多层"假窗"，这是很不适宜的事。建筑是社会的一个缩影，有关气势，有关雄伟，也有关虚拟，它是社会意识的反映。这涉及城市形态的规模和历史的传承的研究问题。我们于是有环境的尺度、建筑的尺度、室内的尺度（即细部的尺度）等。关键在于规划师、建筑师、景园师的总体把握和细部处理。环境的尺度我们以米来计量，而建筑外部的细部尺度我们则以厘米来计量，室内除厘米外，则要用毫米来处理。一切处在相对之中。

4.4 节奏与韵律
Tempo and Rhythm

　　我们生活在有韵律有节奏的世界里，地球围绕着太阳转，人们每天要上班，这样的秩序与工作活动结合在一起就是一种韵律，日常生活中停放着的一排排的汽车停在就是一种节奏，所以节奏与韵律无处不在。问题是我们如何组织好我们设计的各空间、实体中的韵律和节奏。

　　树叶有对生和错生的，自然界也是如此，都是有规律可循的。建筑也有规律可循，例如开窗，一排排的窗子，在视觉上容易使人疲劳，建筑师想尽各种方法来变化，这是设计手法和设计的细节。要有终止符号，也要有转折的符号。节奏可以采用水平划分和垂直划分，水平划分使建筑体显得较大，而垂直划分使建筑变得高耸（图4-4-1、图4-4-2）。懂得这个道理后在建筑设计中就可以千变万化，如在色彩上可以使建筑有节奏相互配合，建筑的排列在平行时可以有转折，使之呈斜面或弯曲面，也可以在节奏上变形形成对景。

　　在住宅区的街区设计中，切勿通透，好像把建筑街坊一切为二，使汽车可以穿行，要十分注意转角的设计。建筑的排列在北方要避风而在南方要通风。塔形建筑是一种中止符号，使有节奏的群体有了中止。在建筑群和单体中组织节奏正好比交响乐的节奏一样，有高潮，有低潮，也有休止符，有节奏，也有韵律，有章节。所以组织好优秀的建筑群，就要有章节。当然现实社会的城市常常是一代代的现状交织在一起，使城市的肌理相对混杂，无序的建筑给有序的建筑带来很大困难，使视觉错乱。

　　多米诺骨牌是有序的排列，不论是弯曲的还是直线形的，当第一块倒下时，一连串的股牌就会依次倒下，这是一种序；山地的上坡，坡地崎岖，上山的道路是"之"字形的，上坡就是一种无序。群体空间组合常常处于有序和无序之间，科学合理的组织是一种景观设计的要求，有时我们要变无序为有序，变有序为无序，某种意义上无序也是一种美。

图4-4-1　南京鼓楼邮政大楼（右侧）

图4-4-2　香港汇丰银行

城市建设中该如何在发展中控制，在控制中发展，有序地进行，沿着城市的基础设施、发展轴拼接式地行进，使城市中拼接的干道沿线、拼接的城市（Collage City）不断完善？在城市建设中常常是见缝插针，杂乱无章，基础设施无序，道路像拉链一样，造成经济上的浪费。我们讲节奏就是讲有序，分清时间段稳步向前，不宜将城市像拼贴一样随意建设。城市的向外发展要有外围交通，其目的是不让边境交通穿越城市。有序地布置生长点，以各种交通包括轨道交通来组织城郊的交通活动。

放眼观赏繁花似锦的自然山水，长城东起山海关，西至嘉峪关，沿着山岭蜿蜒万里，每个烽火台都是一个节点，有节奏地延伸，是地球上的标识物，甚是壮观。徽派民居是灰墙代表，其风火墙，使皖南的民居成为一种符号。各地的山村风貌形成了一组组的村落，这种组合对于当地人们有明确的识别性。美丽的捷克布拉格，从各个街区望去，都可以看到一个个教堂的尖顶，人称金色的布拉格，尖顶形成城市的标识物。苏州是历史名城，是整体保护的城市，城内有北寺塔，修建的民居是灰墙、白墙，使城市古朴而有景观。

在我们的设计中重现了韵律的变化，江阴市的江边高塔是我们设计的望江楼，层层后退似船。武夷山的武夷山庄是从民居中创新的地区风格，沿着山坡，错落有致，自上而下可以跨越屋顶望见九曲溪流入崇明溪。

中国的古塔是一种东方的水平方向的有向上收分的标识物，嵩山的嵩山寺塔、杭州的六和塔都是有节奏的水平划分的标识物。如果说罗马的比萨斜塔与教堂形成对比，那么杭州的雷峰塔与西湖更是形成了对比，是为异曲同工。楼阁也是一种组合。北京颐和园的佛香阁置于半山之中，而玉带桥的大小桥桥洞都是韵的化身。

我们在处理节奏和韵律的关系中要关注以下几点：

（1）节奏的联系性要与中止符号相结合，不然过多的节奏增加了识别性和视觉上的疲劳。

（2）在强调节奏的同时要注重对比，如水平与垂直的对比，色彩的对比。

（3）韵的构成有功能引起的如排比空间（住宅、公寓），有结构形成的如工业建筑的桁架，再有自然山川形成的山丘风光、山地起伏、山峰突起和山水的对比。建筑之术在于点睛的作用。

（4）意境的构成，要注重遮挡使之曲径通幽。

（5）注重高低的对比、虚实的对比、大小的对比等。

4.5 隐喻与比兴
Metaphor and Analogy

建筑及其群体、城市街景都是直观的，但某些类型的建筑则用环境和氛围来达到它要说明的目的。

沈阳"九一八"纪念馆的入口墙面上有东北三省的大型铜雕，在其侧面的四块碑上，刻有象征东北抗战的高浮雕（图4-5-1）。经过纪念馆的门厅，可见大厅的墙面上挂有一幅表示"白山黑水"（寓意东北）的大型图画，而室内地坪上一个小小的金字塔用于记事，营建了氛围。从楼梯转入地下，卵石地面上镶嵌着13盏冷光地灯，意味着打了13年的战争。建筑借助于具体的形象来说明事理。古代的诗歌"先言他物以引起所咏之词也"，这是一种比兴，古人有许多比兴的诗句，"所谓伊人，在水一方。溯洄从之，道阻且长，溯游从之，宛在水中央"。又如李白的著名诗句"床前明月光，疑是地上霜。举头望明月，低头思故乡"。刘禹锡的（陋室铭）"山不在高，有仙则名。水不在深，有龙则灵"。许多诗句都采用一种比兴的手法，借助于具体形象来说明事理。应用到建筑设计上，即用具体事物、历史故事、寓言等等表现设计者给人们深思的感受。

侵华日军南京大屠杀遇难同胞纪念馆一期是这样一种构型，大出檐，压抑的门房，而场地用毛石铺地象征"死亡"，周围则以青草绿地象征生命。生与死的对比，加上墙上的浮雕及十字架等等，都采用比兴、隐喻的做法。惜乎三期用一条破裂的船来比喻，船的裂缝、船的甲板上终年无法使用，而地下过多的影视，令观者无身临其境之感。什么时候与观众直接对话，什么时候又是间接的传达，这是设计师要思考的。

什么又是隐喻呢？它是比较两个好像无关的事物，制造出一种修辞的转义，即第一事物可以描述成第二事物或物体，第一事物可能很容易从第二事物来反映和描述。有人认为隐喻有认识上的功能，但有些人认为隐喻要比比兴更加妥帖。

图4-5-1 沈阳"九一八"纪念馆

图 4-5-2 河南博物院

图 4-5-3 哈尔滨金上京历史博物馆

我们设计同一类建筑物如福州历史博物馆与河南博物院，同是博物馆，一在河南，历史文物的大省，设计要庄重，而福建是海外开拓的强省；前者刚毅而庄重，后者表现为飘逸，二者有不同的性格。在设计河南博物院时，曾做过几个方案，后来参观登封历史文物、登封观象台有了启迪，再有中国自古就有金字塔，不过没有古埃及那么出名罢了。我们采用主体为金字塔形，而顶部又为漏斗形。中间用玻璃，意为"黄河之水天上来"，较充分地表现了河南。河南文物多在地下，所以开口的门宜小不宜大，设计门从中间进，犹如看到地下宝藏。当时我解释为"九鼎定中原"即中原之气（图4-5-2）。四周为展览馆，共九个空间体，以作为隐喻，馆前方有两幢小型影视厅，我称之为"大鹏展翅"，深得甲方和群众的认可，于是该馆拔地而起。我们都以某一事物和体型做比较，有较强的示意性。我们的隐喻做了转化也达到了目的，这是人们所能理解的。而福州历史博物馆几个楼梯的塔顶则以飘逸的飞帆来处理，进入室内大厅更是飘逸的形象，也取得成功，并有地区特点。

在哈尔滨金上京历史博物馆的设计中，当时没有可能从历史文化和地区文化中来借鉴，查阅历史文献，金朝的历史仅80年，是个好战之国，场地又造在金太祖完颜阿骨打衣冠冢的边上，近100余米，金朝的形制是面向东，所以用战争的隐喻来表示，在入口处多用"乂"字形，如门拱，意味两国的交往不断。进入大厅可以看到远处的墓冢。建筑物就这样设计出来，其主厅尊重墓冢，墓冢高13米，而主厅用12米，一个规模不大的纪念馆应运而生（图4-5-3）。

建筑设计是一种创新思维活动，一是要因时因地匹配于城市，匹配于自然，二是要注重研究建筑的特性，处理它的性格、特征意义。隐喻和比兴也从文学诗词中引来的，所以建筑师不只专业知识要广泛，更要有广泛的文化知识。正如列宁所说，要吸取历史上一切优秀历史文化，为今所用，为我所用。一个人的知识不要封顶，人要谦虚谨慎，从不满足才是。需要不断补充，这也是重要的。

在构型中我们除了要有现代技术的结构、施工知识外，还要注重色彩和材质。自古以来建筑色彩，集中意义代表一个地区、国家民族的特征。如红色是我国民族喜爱的色彩，灰白墙表现为民居的特征，黄色则代表皇室的高贵，紫蓝色代表庄严肃穆，白色代表纯洁。在建筑时代中，白色易统一，而绿色则为当今绿色天地的一种生态观。当然我们也要注重质地，因为质地反映了建筑的光泽度，反映了建筑的某种性质，要善于应用质地及其对光的反映。大片玻璃和铝合金材料是现代建筑的重要材料，要避免光污染。一切构型不能离开时代，离不开节能减排，要利用生物技术，要善于引用外来技术和方法，启迪我们的创作设计思想。当今是知识爆炸的时代，可以应用吸收的知识很多，但不好的也有许多。最后要十分重视经济的原则，我们毕竟是个发展中的国家，人口众多，耕地少，水源缺少，灾害不断，我们又处在转型期，我们的构型是为建设服务的，要分清大量性和特殊性，一步步地做出探索和研究，低的标准也可能做出优秀的作品。

4.6 细部与微差
Detail and Subtle Difference

任何建筑都有细部，建筑的细部或出于表现，或出于使用，或是建筑构造的需要，可以说没有细部难以成方圆。人们说细部决定一切，这是完全正确的。就如打仗一样，战略决定了一切，战术就起着巨大的作用。打一个大仗，如果没有一个好的策划，就不能完成大的战役。内战时如淮海战役，没有一个个小的战役形成不了包围战，淮海战役在陈官庄的决胜一局，彻底打垮了敌人，取得了淮海战役的全面胜利。而七战七捷的胜利，是淮海战役的前奏，为大战做了充分的准备。辽沈战役中塔山一战决定了辽沈战役的成败。没有前者也就没有后者，从战争来看细节也决定成败。

建筑设计也是一样，有整体，有局部，也有细部，细部设计很差，即使整体还可以，也不能称得上优秀的作品。细部要设计，可以强化，也可以减弱，它成为主体匹配的一个组成部分。

建筑的细部从屋顶起，有平顶、坡顶、硬山、悬山、两坡、歇山、庑殿、攒尖、穹顶等，墙身有土坯、砖墙、混凝土墙、预制墙、木板墙等，地面有水泥地面、木地板等，木地板架空于预制板上、混凝土地坪上等，窗有木窗、钢窗、铝合金窗、玻璃窗等，而玻璃有成片玻璃，也有分割玻璃，玻璃可以是双层、单层，不同色彩。墙体分割可用空心砖、加气板等。楼梯有直跑、双跑、中间上去两分，还有转梯等等，室外是为踏步，楼梯可以凸出建筑形成标志，也可以排出建筑单跑，有的建筑师称楼梯是设计者的灵魂。维也纳城市公园也有双跑台阶，中间为拱，内有喷泉雕像。平顶的屋顶有屋顶花园等，所有一切皆为组成建筑的局部要素，也可称为组成的细部。以楼梯而言，扶手就要有设计，扶手要结合手扶手握，也作为设计的要求。整体由局部组成，也由相关细部组成和设计。细部某种意义上关系着局部和整体，切不可等闲视之。

人们说失之毫米差之千里，这意味着建筑设计中微微的差别也要重视，例如一般的窗外套宽 8 厘米，但有一次我的学生将窗外套设计成近 20 厘米宽，其结果显得又粗又笨。人的肉眼看 40 米高的烟囱可以看到砖缝，经验告诉我 4 厘米是一般肉眼的起码尺度，而在室内的门框细微的则要以毫米计算。在现代建筑的设计中为了便于施工，更要分割，用"断"来解决，所以内墙的天花顶与墙身只用 1 厘米的空隙来处理。在传统建筑里，特别是堂屋，门窗高大，其棂花格子弯曲的细节也是以毫米来计算，这是手工艺工匠们所做的手工艺产品，很人性化。

细部与整体是一对矛盾的统一。整体把握全局，细部影响全局。在细部中我们应当注重以下几点：

（1）把握度。在不同的部位就有不同的度，要吸取前人的经验。希腊神庙的山花做得非常细致，三角形内雕刻的人的姿势，按人的体形都安置在内，再有伊瑞克提翁（Erechtheion）神庙中女神的姿态也各有变化，反映了一种力的表现（图 4-6-1）。

（2）交圈。在传统建筑中建筑线脚连续，如楼梯的线脚板要从房间延续到走廊，再延续到楼梯。除大理石地面外一般 12 厘米高，也可以 7 厘米高，而电线在背后穿。插线板、地线，尽可能在布置上简化。

（3）"断"的处理。现代建筑中对于线脚处理常用"断"的办法，墙面的粉刷也可以单面，这样使色彩在面上处理，也是一种断的办法。

（4）新技术新材料的转换。有时室内墙面可以用素混凝土，如法国戴高乐机场内装饰的就是素混凝土，室内的通风、取暖、节能和绿色建筑技术，也是我们所要运用的。

雕塑是一门专门的艺术行业，自古以来不论西方还是东方，都出了许多大家，有的雕塑成为博物馆内的展品，在公共场所也有雕像的摆设。要注意与之相配的座子，也是设计中的一部分。苏联的建筑群设计凡是有相配合的建筑师，必是要放在雕刻家之后。而现在雕塑则由雕塑家自由创作，抽象的、古典的成为装饰品，使之与环境相匹配。有的则将雕塑融入自然之中。四川重庆的大足石刻可谓是中国古代的精品。中国佛像是雕塑的重要内容，之后学习西方也有不凡的作品。这儿说明一点，建筑师要给雕塑家提示，如环境的要求，以及尺度的大小。南京梅园新村纪念馆的周总理像，起始为 2.6 米高，最后改为 3.2 米，调整是必要的，但把握仍是建筑师和雕塑家共同的责任。

室外环境的设计中也有许多细节要处理，屋前屋后的坐椅，儿童嬉戏的地方，再有小亭子、茶座、石凳、石座，都要和环境相匹配。

现代建筑强调线性，而西方古建筑中也有许许多多线形，如五柱式中的凹圆线脚（Scotia）及座盘装饰（Torus）等形状。在中国传统建筑中的座子如须弥座，及屋脊的吻兽、收分等都有线性。虽然我们一时用不上，但运用时我们就知道，这叫养兵千日用兵一时，即使不用也是一种修养。许多现代建筑大师都有传统的古典的修养。学习它们是一种内涵，但我们又不能压缩我们创作的自由。现代街头上，交通道路旁有许多装置，要注重色彩和形态。

图 4-6-1　伊瑞克提翁神庙

4.7 风格与氛围
Style and Atmosphere

提起风格，人们总有许多议论，诸如城市建筑"千篇一律"，或称"千层一面"，"风格怪异"。风格常常针对一个时间段而言，它的演变也要有一个时间段。建筑不同于服装，因为它有大的经济投入和物质价值，当然也有美的价值，服装相对经济费用小得多，服装可以以人体来把握，但建筑很难掌握。当然改变建筑风格也有改动立面的，但毕竟是少数，建筑风格的变化需要时日。

风格与建筑性质、规模、类型、定位有关，更与这个时期的建筑符号有关。现代建筑的类似性相对减弱，可以用于办公，可以是银行，可以是邮局，没有明确的特征，只有时代的风格。当然有些公共建筑挂上了"国徽"，那即是政府机构，可以有细微的类同。

风格是有时代性，西方传统建筑有巴洛克、洛可可等式样，法国巴黎某些街区有新艺术运动的作品，时间仅十年，但流传不广。东北哈尔滨市有若干新艺术运动的作品，这和建筑师的活动有关。

服装讲究时尚，我们改革开放30多年也有时尚，先是受香港建筑的影响，起始于广州，再而流行美国的高层建筑，如KPF，在高层建筑上加一个两个针不等。还有像汽车的方向盘那样的顶，即在屋顶上有个"方向盘"，当然上海某高层建筑还有花瓣。高层建筑上摆个架子是屡见不鲜的，这些架子既不挡风又不遮雨，只是一种被认为是美的装饰等等，都是一种时尚。高层建筑穿衣戴帽，许多还有裙房，像餐厅、

展览，都在高层建筑下层的裙房中。

中国有几千年的建筑文化，有精华也有糟粕，由于技术落后，再经过100多年的半封建半殖民地的建筑文化浸透，所以带来一些洋奴哲学。应当说还有一定的流毒。改革开放后，许多外国建筑师参加中国大地建筑设计的投标，他们有带进来先进技术和建筑样式的一面，也有附和领导求奇求新的一面，一些怪异建筑也引入进来，有人说中国大地成为他们的试验场地。杭州钱江新区，美国建筑师设计了一个会堂，圆球形，名为"太阳"，而边上建一个剧院名为"月亮"，多少有些勉强。我曾住过"太阳"那个旅馆，远距离的走廊并不很适用，而"月亮"是剧院，为了成就"月亮"，楼梯也是歪着的！怎样做出一个现代的有中国意味的建筑作品，这是我们这一代需要奋斗的。

风格的形成和历史的传承有相当大的关系，人民的喜爱和认可往往为无形的力量，促使形成他们喜闻乐见的建筑风格。南京近年建成的1912、1865建筑群带有民国建筑风格和风貌。

风格的形成和政治的引导有密切关系，民国时期倡导的"国粹精神"，之后民国的新古典得到认可。建筑风格是多元的，也是多层次的，有高雅的、通俗的、世俗的（庸俗的）。而这三个层次是可以互通的，也可以相互跨越。地区的建筑师也起着一定的作用。领导的倡导，建筑师的主导，都对形成的风格起作用。

自然地形和气候会影响地区的建筑风格，传统的民居中福建民居由于每年的台风，在平缓的坡顶上压上了砖块，再加上木阳台，建筑风格丰富而多彩。浙江民居和云南民居都是有好的传统，可惜我们对民居的保护不甚完整。浙江有些地方的建筑都做成尖顶，加上几个银球，好像是一排"教堂"。在改革开放的过程中，风格的变化是多样的，虽有指导性的参照，理想的不多。在大中城市曾经刮起一股"欧陆风"，可能是一部分人富起来，向往西洋古典风格。在中国大地上的建筑世界中，有仿古的假古董，有外来的现代建筑业下的怪异建筑，也有村落保留下来的传统的民居风格，像皖南地区的村落既有原有民居风格，又有发展的新传统民居。可见不同地区、不同层次，都掺杂着多种风格。我祈求有统一的风格，但不同的群体、不同的地段要有优秀的设计出现。我们在转型期间，大量的建设在我们眼前，在这大好时期，正是我们探求风格的好时机。我们提出"现代的地区性新风格"，相信我们会像前人一样把优秀的建筑屹立于风格世界建筑之林。

风格是一种景观，某种意义上设计建筑和建筑群需要讲风格，建筑给人以情感和智慧，建筑给地区城市以性格。使各种类型的建筑都留在人们的心中，使之更有气氛和品位。

记得有篇散文《巷》，描述在当年城市都是院墙，巷中可以看到朵朵花朵从墙内伸出，远处水井旁几个妇女在水井边洗衣服。而今围墙拆掉了，完全没有那时的诗意了。城市改造了，建起成排的住宅和高楼大厦，氛围变了，风格更新了。人与人的感情疏远了，快速的信息化又拉近了人们的距离。大街上车水马龙，人们又筑起新墙，新的住房，还是要把人与建筑分开，除了高层建筑以外，又是新的一层"圈地"。

风格与氛围，随着时代而变迁，没有不变的风格，它们与时俱进，推陈出新。

最后的归纳，风格随时代而长存，风格的变迁也随时代而前进和变化：它与自然山川平原有关，它与社会制度相关，它与科技的发展有直接、间接的影响，它与人们的生活习惯、爱好有关，它与民族的特点有关。

4.8 组合与配置
Composition and Configuration

我们有一个新的命题即组合与配置，且二者要相互融合起来，使建筑的空间组合与植物配置的空间组合统一起来。这也是绿色技术之一。

在建筑群的形体中首先是开敞和封闭，即 Open Space 和 Enclosed Space。中国的传统民居是封闭空间，故宫是封闭的院子。而北京天坛的"祈年殿"是有三层紫蓝色顶的圆形的殿，而院子以方形围合，称之为天圆地方，象征天地一统，天人合一。天坛中间的神道则是开放空间，环穹宇外是圆形的封闭院子，再到祭天的三层坛又是开敞的，总的是一组天圆地方的结合。南京雨花台烈士陵园轴线是一系列开敞、半封闭、围合的组合，开敞的纪念碑上又是一组开敞的平台，由地形起伏而定。现代住宅建筑群，在寒冷地带可以是围合的住宅群，但为了追求日照，还可采取行列式的住宅群。在意大利园林中强调几何形，为有方有圆的绿色围合。巴黎的富康公馆园林则采用有轴线台地、半封闭半开敞的方式，它既有最美的绿色轴线又是行列式的台地花园。南京中山陵的音乐台是半圆过廊和花架、扇形坡地观众席和有半圆形照壁的表演台的结合，是一处优秀的绿色和建筑结合的范例（杨廷宝设计）。意大利的台地园林也是非常丰富的，有小瀑布、水渠，都是古典的手法。

开敞的建筑体块，大都是行列式，为了有识别性，行列可以相互错开，相互遮挡，使住宅群视觉丰富。不论是围合，抑或是开敞，从人们的视觉来看"封"是一个关键，某种意义上有封才有景。在大自然美景中有两个要素是很重要的，一是山形，即标志物的主体的美，主体的色彩和比例是适合的、有意义的，再就是层次。为什么说黄山美呢？就是因为有许许多多的大小山峰，奇形怪状的大小山峰可以让人琢磨、猜测，可以有寓言，可以有猜想，什么"猴子观海"等。再如武夷山风景区的大王峰、玉女峰、鹰嘴岩等，都是因其形而出名。再说层次，层层山峦丰富了各山各水的景观，张家界风景区、九寨沟的风景何尝不是如此。可见行列之中有"封"的概念，有封闭的院子和天井，西方的几何形的花园更有围合封闭之感，可见二者是相对的。我们学习设计手法，即为了提高设计水平，我们说创作水平的提高，技法是手法和手段，创新是目的。

再有一种是空间自由组合体，建筑物既有平行的体也有围合的群。这在许多著名建筑群中都有之。如意大利梵蒂冈的圣彼得大教堂，圆形的大柱廊是围合的，而大教堂则是封闭的。廊联系围合，但又是通透的。虚中有实，实中有虚。巴黎的凡尔赛宫前是一组放射线的花园，而花园中又有"封"的绿色组合，这是古典几何对称的做法。一切都是相对的，在这座几何形的花园中行走漫步，可并不感受它很单调。在我国如扬州、苏州古典园林的曲径通幽，它们是大开敞小封闭，两者的比较富有意味。对于自由综合体，我比较欣赏瑞典里斯本的市政厅，高低错落，开闭得体，水平与垂直呼应，且有塔楼，突出主宰全局。

一般的林荫道，常规是绿色平行于道路种植，这是习惯做法，现代的构型完全可以改变绿色配置。一般情况下，乔木与道路匹配，但现今的配置可以根据人们活动的需要组成自由组合的绿色空间（图4-8-1）。

Landscape for Living 一书即用这种方法组织小区内的绿地、小游园、儿童游戏场等活动区域，使大人可以关怀孩子而儿童又可独立戏耍，自娱自乐。我们讲与时俱进，这不是空的，而是要落实到现代建筑的构型和人们生活上。

我们并不排斥传统的做法。南京雨花台烈士陵园，是对称轴线，成排的雪松，经过80多年的历练是美丽、庄严的。而侵华日军南京大屠杀遇难同胞纪念馆，是一种不均衡的设计，在卵石边是一片青草，喻义死亡和生命的对比。我们设计不要照搬照用，要务实地做好设计。

在当今的群体设计中建筑布局的自由也带来绿色布置的自由，室外空间更加丰富。

西方著名的广场是没有绿化的，圣马可广场、西诺利亚广场、卡比托利广场等都没有一棵树，当时并不注重绿色。希腊神庙，再往前的罗马水渠，都没有这个概念。而中国故宫内也少有树木，只在后花园为了点缀皇帝的住所有稀少的绿化。罗马圣彼得大教堂也只有教堂走廊。人们根本不把绿色当回事，那时未遭受全球气候变化，人们还未认识到其重要性。而不断增加的碳排放，尤其是工业革命后成片的工厂造成的污染，使天空大大积累了 CO_2。人们当时也还没有节能减排低碳的要求，等人们清醒过来时，各个国家的认识还

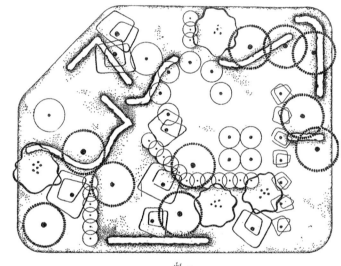

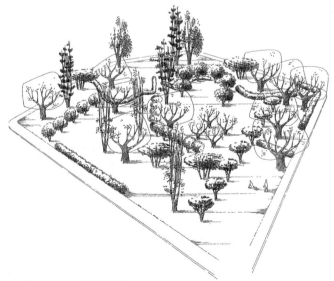

图 4-8-1　植物配置

不统一。我们正面临前所未有的考验，我们在前面的论述中讲一切皆设计，那么今天我们讲设计非常重要的一点是讲绿色设计和建筑设计的融合。夸张一点一切皆绿色。圣经上讲"亚当夏娃从森林中走出来"，我们也要使我们走到绿色中去。生态建筑是我们的要求。世界上最宜居的城市除了加拿大温哥华，还有澳大利亚墨尔本。墨尔本首任总督，在城市中心布置了大片绿地，使城市有了核心绿地，有新鲜的空气。现在的思维反过来了，过去是四郊的森林公园，"楔形"绿地引入城市，而今是中心绿地引入城郊，反其道而为之。北京的天安门广场，500米×800米，一片都是硬质铺地，当时没有这个思维。

4.9 色彩与质地
Color and Texture

色彩对于建筑的重要性是不可否认的，它是生命的颜色，也是不可缺少的生命的表现。可以想象没有色彩的世界会怎么样。我国的国旗是五星红旗，鲜艳庄严而美丽，它飘扬在全国各个角落，飘扬在全世界。红色的国旗、党旗唤起了人们的共鸣，有心理效果。它代表了一种符号，可以让人识别。如果全是混沌的色彩，世界就无法认识。几乎一切物体都有色彩，在个这色彩世界中色彩有它的性格品位，也有它的质地。它有象征的效果，即使同一种色彩效果也不同。色彩有时代性，革命时代总是用红色，表现热情，向前进。一般用于建筑的材料有限，加上它要有私密性，可选用的材料少。北京故宫用金黄色的琉璃，而檐下则是紫蓝色和金色。皖南、苏南等民居都用粉墙黛瓦，即用黑、白、灰三色，如果转型为现代建筑，要十分注重三种色的比例关系。

蓝、褐、黄、金、灰、绿、橙、粉、红、黑、银、紫、白等十几种色彩，在建筑中最常用的是白（灰白、黄白）。有的建筑师自称为"白色派"。瑞士首都是一座小城，用米黄色的统一墙身，红瓦，也很美丽。我国的佛教寺庙用浆黄色。印度的泰姬陵是为全白色，表现一种纯情和永恒。中国的琉璃，色彩丰富，北京天安门广场除天安门内故宫外，广场两侧的人民大会堂和中国国家博物馆的建筑屋檐边都有琉璃镶边。我们使用色彩，如白色、米色、墨绿色等，更要充分利用建筑材料的光泽。有时墨绿色可替代铜的墨绿，而色彩相近可以相互利用。在西方教堂多用铜皮做顶，如英国的圣保罗教堂以及中世纪的教堂，一种庄重、庄严的墨绿色出现在我们眼前。当然还有红砖，相互拼接，有许多组织墙面的方式。

粉刷墙面，在世界各国是常用的。莫斯科的红墙、中国民居的白墙都采用粉刷的办法。中国南方多产竹，竹也是建筑材料之一，但不能持久，用竹编织成席，包上柱子也是一种办法。其他如金色、银色等等，只用于极少的建筑内外的装饰物中。木板的木色经过处理也可以用在建筑的外墙上、人行步道上。美国开国时期，林肯总统住的就是小木屋（Log Cabin），是木架。

现代技术发展后也有用铝合金做墙身的，但它年久积灰后并不美观，如接缝精细也不失美观大方。北京国家大剧院的屋顶用钛合金板，较昂贵，光亮而美观大方。再有一种彩钢板可以有色彩的变化，这都和加工厂工作人员的推荐有关。

在建筑室内，装饰物、器皿则有丰富的色泽，对于人的感觉和视觉，色彩和物体的质地也有密切关系。质地也加上色彩使室内的布置更加丰富多彩，如大面积的地毯和墙面的挂画，都会影响人们的心理和心情。

室内设计一定要有个基调，包括墙群、墙面、天花板，再是吊顶、门、窗、桌、凳等其他摆设。人民大会堂最庄重的接待厅，是为"福建厅"，规模有500平方米，墙上挂上磨漆画（福建产，不褪色）4米×10米，地毯也由建筑师设计（设计者赖聚奎），有适宜的色彩并设有防静电的措施，是为最好的接待厅，色彩、光照宜人。在福建武夷山庄为了追求当地风格，采用竹、木编的灯和竹椅，具有一种乡土味道。河南郑州的河南博物院，在柱上连接一对象牙的寓意像。而福州历史博物馆的双曲顶则用穿孔的铝板，形成一对幕，远望有一种"无限"之感。设计的构思决定我们所采取的手段和材料。不同建筑的规模、性质，决定它的室外和室内。特别是室内，是接近人的地方、宜人的地方，要慎重设计。

纪念性建筑多为永久性建筑，大体以石为永恒。如美国的林肯纪念堂、杰弗逊纪念亭和南京孙中山纪念堂等等都以石为主，其室内也以简洁庄严为主，色彩以灰白色或带黄的

石料为主，其质地则以磨光为主。其他公共建筑大都采用混合材料。我国改革开放以来，旅馆大堂面积偏大，为了显示其气魄，用磨光花岗石。各地方甚至是贫困县也建高大的办公楼，加之四套班子各处一方，这和行政体制有关。

居住建筑因为等级不同，其中有差别，富裕的别墅有会客厅、书房、餐厅、厨房、卧房、储藏室等等。至于公寓房，就相对简单。一切尺度、色彩，服务于人的需要而安置。

色彩表现为各人的爱好、情操、品位，我们要提高设计者的美感和辨别、搭配色彩的能力。

4.10 均衡
Balance

均衡也可以用平衡二字。因为地心引力的影响，在地球上一切物体、生物都是平衡的，除非像宇宙航空员在太空有失重现象。从视觉的角度来看一切都是均衡的，只有在重点上有不均衡的现象。我们的任务重点在于均衡。

中国的国画中山水画讲究远、中、近三者的关系，近景为重，但是一种衬托，中景为主景，远景又为轻，也是一种背景。还有绘画中用文字描述，用诗词来平衡，把握画中的均衡。再有留白也是一种手段。西方画中的风景画也是如此，利用远、中、近来组合。其人物画则是绘画表达中的典型内容，以其动势来均衡，以力的指向来表现人物，雕塑更是如此。

均衡是建筑构型中的重要条件和手法。对称或不对称的空间自由组合，犹如人体：看上去是对称的，而内部的心肺、肠胃则是不对称的。对称的建筑和建筑群给人们以庄重、威严的感觉，如北京的故宫，从天安门、午门、太和门、太和殿到中和殿等都对称布置，明清十三陵也是对称的，西方的如罗马的圣彼得大教堂也是对称的。绝对的对称是难以做到的，这是由于现状和功能的需要而引起的。莫斯科的列宁墓与背后红塔搭配非常契合，在整个红场中又是不对称的。讲对称必然与"轴"有关，轴起着引导作用，轴常常引导对景的主体及两侧相应的建筑群体。对称的轴也带来了壮观、美丽的群，法国巴黎的富康公馆（即路易十四的财政部大厅），以纵向为轴，以公爵馆为主体，是为世界上最美的对称园林之一。巴黎是一座历史文化名城，有众多的纪念物，所以也带来了众多的轴，可谓一个轴的城市。

不对称的建筑和建筑群，使构型繁华如锦，世界上有许多这样的实例，这是由于不对称可以按功能自由组织不同功能的空间，也有由建筑和建筑群不断地叠加、做加法而形成的，再有由客观的现状或自然的形成产生不对称的架势。

我们设计的南京梅园新村周恩来纪念馆就是不对称的组群，这是由现状建筑、投资所决定的，侵华日军南京大屠杀遇难同胞纪念馆更是以不对称来处理纪念的意义。第二次大战后在意大利开始建设有意义的纪念物，这为我们设计纪念性建筑建立了有价值的参考。

在西方，法国西部的圣米歇尔山是为欧洲七大奇迹之一，它是几个世纪以来在孤岛山上叠加建成的，是这片海滩上的标识物，意大利威尼斯的圣马可广场群也是一组不对称建筑群的典范。在我国江苏镇江的金山寺是典型的不对称建筑群，也是历年叠加而形成的（图4-10-1），苏州的虎丘塔和周围建筑以及山前广场等都是优秀的范例。

均衡在结构上有重要的意义，它把力散落地均匀分布，中世纪的飞扶壁（Flying Buttress）就是力的分布措施。意大利建筑师让·努维尔设计的体育馆，把力均衡地传达到基础。建筑的稳定要求力的稳定。

在群体的设计中也要有平衡的状态，例如总图如何体现

图 4-10-1　江苏镇江的金山寺

在用地上的功能上的平衡，特别是"力"的平衡和绿色的平衡。在全球气候条件下，节能减排也要求我们均衡地不断采取措施。我们要面对快速城市化带来的正面和负面的影响，稳步发展前进，这是当前发展中重要的步骤和措施。

平衡、均衡是由一对对矛盾组成的，如对称和不对称，组织城市规划、生产、生活同样有均衡和不均衡的矛盾，建筑构图、人们的视觉和心理行为也要摆好均衡的关系。正如政治和经济发展的平衡也是关注一切，一切处在科学研究之中。

4.11 光源与体块
Light and Block

光源与构型有关系。光源有太阳光，即自然光和人工光，它们有密切的联系。我们说建筑是体块的艺术，体块包含着空间，体块是外表体块的组合，实质上也是空间组合，光在其间起着重要的作用，如没有光，从视觉上来说就无意义了。

日本著名建筑师安藤忠雄设计了光的教堂，直接用光的影而形成"十"字架。黑川纪章设计过一个纪念碑，碑中有一条缝，当纪念日的那一天，阳光穿过那条缝时，形成一束光亮。同样道理，墨尔本的战争纪念馆，在纪念日的下午某时，阳光穿透天窗射到地面，虽然是一幢新古典的建筑，但也利用了光的原理。在法国建造了一座教堂，墙上的"十"字是用人工光打上去的，使教堂取得神秘的效果。应用现代技术利用灯光照明使建筑体块打出光影，可以看似立体。城市中的灯可谓十分丰富。光源的利用也是一种构型的要求和处理方式。当然我们要节约能源，在照明上关注节约。纪念性建筑和有关节日可做出照明，以衬托气氛。

风景区中许多山石间形成高耸的狭缝，投射下来线状的光，人们称一线天，让人们感到一种鬼斧神工的意境。在传统大宅院里，天井虽小，但宅内仍有明亮的光，屋檐之间的狭缝，也会有一线天之感。唐代大诗人李白的著名诗句"床前明月光，疑是地上霜。举头望明月，低头思故乡"，这是见到光影而触景生情，光与情联系在一起。

有日照，有遮挡，就有了光影。高楼林立的城市里，遮挡是不可避免的，要满足日照时数的要求。我们求得南向的阳光是生活的需要，但北向背阴的地方不能被忽视。北向终年见不到阳光，积雪又难融化，所以利用建筑的凸和凹处理光影需要得到重视。在中国的历史名城中，有许多四合院，其南向的大堂可以得到更多的阳光，东西向得到的光也不一样。在巴黎也有密集的类似四合院的庭院，由二层、三层与低矮的一层组成，日照时数微乎其微。我曾经住过一家，仅下午4点时有一刻钟时间晒得到阳光，这是可悲的。有好界面，但光影又受到影响。行列式的住宅形态所以取得人们的好感，其理由也在于此。我们的采光要求是前屋的阴影在后屋的窗台下，每天要达到一定时间的阳光照射。

从视觉的原则来观察，有光就有物体。物体有光影的变化，有向光、侧光和背光的要求。现代的科技下，大玻璃窗、高层的玻璃体带来了光辐射和光污染，当然也有带来通透和光影感。在现代建筑中，反射的玻璃可以映出前面的建筑。在加拿大蒙特利尔有一座高层建筑，位于一座教堂之前，其低层的玻璃墙面映出了教堂的倒影，反射使城市间距扩大。

玻璃幕墙一般是双层的，而外层起表面的装饰作用。高层建筑在造型上有众多的手法，以下举例说明。

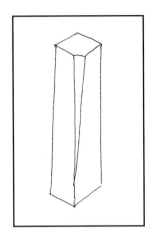

（1）**切**。是从体块上切下来，长方形可以切一个角，也可以双切，使造型富有变化，其中电梯直达顶层也无碍。

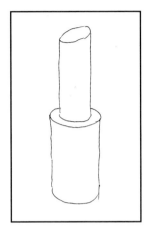

（4）**套**。像似筒套一样，窄筒插在宽筒子上，上海的一些楼就是这样，这也只是一种求得奇特的手法而已。

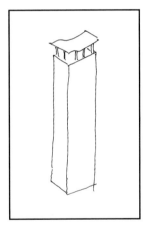

（2）**架**。在屋顶上用支架架起来，它既无遮阳作用，也不抗风雨，只起到装饰的作用，并无实际意义。在高层住宅、中高层办公楼中运用为多。

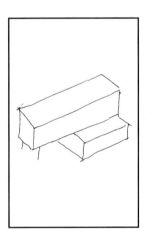

（5）**搁**。适用于水平的建筑，像是中国筷子搁叠起来，用于多层。苏联一个军事学院有这种做法。它可以悬挑，中央电视台就有这种意味，悬挑出来，有人说美也有说不美。

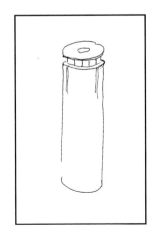

（3）**盘**。与上一条有同样意义，它多半用在单幢的高层建筑，形似车辆的方向盘，从四周观看，是个独立体，并不美观，可以是单层的，也可以是双层的，只是一种表现而已。

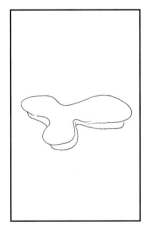

（6）**盖**。北京国家大剧院就是一个实例。内部有大小剧院，有共同的通道，有向外的疏散，形体上像个"蛋"，建筑一统于盖之下。屋顶用钛金板，较为昂贵，各种议论颇多。有称"鸭蛋"。可惜的是在人民大会堂之后，略高于人民大会堂，内部不可避免地带来了空间上的浪费，但统一网架，是特殊中的特殊。

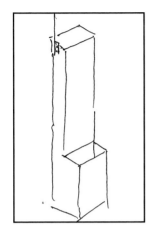

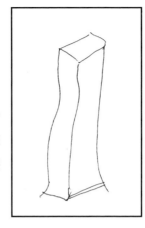

（7）**针**。即在屋顶上有一个尖，一时比较盛行。受到美国建筑事务所 KPF 的影响，许多建筑都有运用，但这个针有实际意义，即避雷，再就是装饰。有的有两个，也有的有四个（完全是装饰线）。

（10）**扭**。即扭转的手法，在极少数设计中使用。

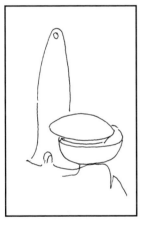

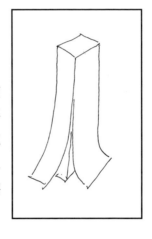

（8）**仿**。即把一种器具放大，如南京鼓楼的一座电视台，设计者仿造一部手机进行设计，高达 100 多米。有的则做成一把手提琴，完全失去建筑的个性和自己的特色。当然也还有较多抽象的，如巴黎铁塔。

（11）**皮**。仿制外表皮。

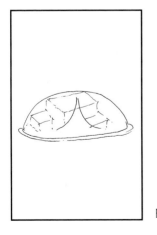

（9）**弧**。近年发展的时尚，多用弧曲形，总的还是符合建筑力的支撑。

4.12 技术美学
Technological Aesthetics

技术是建筑结构的重要支撑力量，从时代特点来分析，不论是梁柱时代抑或是拱券时期、钢筋混凝土时代，都对建筑技术有很高的要求。

建筑的支撑虽经过各种技术时代，但是核心是"力"，"力"的美。希腊雕像艺术，将人的姿势、肌肉演绎得极好，内在的力量是一种美，它是内在的，而外在的则是一种反映。这也说明，功能是必要的，而表现是首要的。比较古埃及的卡纳克神庙和希腊的帕提农神庙，人们会发现梁柱建筑到了帕提农神庙，已达到顶峰阶段，石料也使用到了极致。

在人们无法用头脑计算时，结构的支撑常常依靠实践的构造，经过多数试造，有失败经验，人们从中吸取教训，于是改进再建造。当人们可以用计算器及计算机来计算时，结构组织的力达到可想到的准确状态。而数字技术，更可以达到灵活地设计。设计师用数字技术，使造型可以自由扭曲，著名建筑师弗兰克·盖里（Frank Gehry）在西班牙设计的古根海姆博物馆，即由此而成。

设计的原则从"建筑十书"开始时就提出坚固、实用、美观，坚固与实用是分不开的，美观又必须在此基础上提升。

新的材料和新的施工技术保证了新结构的实施，三者密不可分。新的建筑的出现改变了人们对建筑使用、功能、结构、美观的传统的观念，信息化改变了人们的工作方法和方式。人们可以在网络上交流，也可以在网络上管理相关工作，生活方式也因此改变了。它是系统的关系。甚至观念也可以改变。

往返的巡回使事物向前发展和进步。

结构的支撑必然带来形式美，法国建筑师保罗·安德鲁设计的北京国家大剧院，利用钢结构，将大剧院、小剧院等放在蛋形壳内；中央电视台，则用沉重的钢体来平衡建筑，人称"大裤衩"。总之人们总有各种比喻，有贬有褒，形象的东西总有自身的特色。以上有悬挂，有支撑，构成各种形状的建筑。

美，什么是美，什么是技术美，什么又是建筑美？美和丑是一对矛盾，是对立面。《巴黎圣母院》小说中撞钟的卡西莫多，看着很丑，但心地十分善良，他企图救吉卜赛女郎，美丽的姑娘爱斯梅拉达，而道貌岸然的军人和牧师，心地丑恶。我想卡西莫多和爱斯梅拉达是属于"心灵美"，这是从心底里发出的，来自内心的，最后两人都死在地下，飘然而去，美在心灵。

看到自然的山川、奇特而有层次的山峰，人们心旷神怡，这是一种感染，大自然美，或称"自然美"，也是一种心灵美。

人们生活、工作，住在休憩地，会感受一种人体舒适之美，也会获得一种"心灵良好"的感觉。

再有我们用视觉感受外界景观，也会愉快，美是一种视觉的美，不论天空的蓝色、云彩，夜晚的星星、月亮，早晚的霞光，红色的太阳，都甚是美观。树叶随风飘动，树枝树叶洒落在墙上的光影也十分美丽，使人们身心舒畅。"举头望明月，低头思故乡"，也是美的感动。

在结构技术中，常常有空间重复的现象，有节奏，有韵律，有秩序，它们也构成一种美，是技术美中的一种不可缺少的美。这种美是一种体验，是体验美学，是空间的构成美。

建筑美是以其适用于人们的使用功能而获取的，要使之宜居，采取合适的比例空间，使室内外的色泽与内外环境匹配，使室内各部分有便捷的交通，上下、左右有好的识别性，还有选择适宜的色泽和表面质地，使视觉、触觉都有一种好的感觉，最终是它的体形美，一种舒适感。

技术的美是客观的存在，与人的视觉对话。人们欣赏被认为是美的东西，从心里认识到被创造出来的美，建筑艺术也由此而生。审美是一种欲望，对建筑而言它是以建筑的形状、质地、尺度、比例、韵律、平衡、节奏来感知的，给人们以感悟，一种心灵的感知，一种灵感，并使之在情感上有所触动。当看到过去的民居，会想到家乡、童年生活的地方、父母养育自己的地方，有一种记忆，有美好，也有不愉快，甚至痛苦。它和你对话，它的形象使你认识到它。人的智慧、情感暗示和被勾起的记忆，促使你认识，这是一种生活对建筑之美。我们需要从哲学理论上加以认识。当然建筑美由技术构成，这是组成的一部分，材料、结构以及表面的色彩、功能、性质等需要求得人们的认可。整体的、宜居的、使用的技术，是美的根本所在。建筑美有其层次性，及其审视环境美的要求。

在研究技术美的同时，不妨了解一点美学的思辨，像是光谱的美学论和李泽厚的美学论。而我则认为适用功能就是

一种美，整体宜居也是一种美。建筑工作者追求庄严、壮丽、幽深、清秀等等，在物质空间中进行组织，更从精神上去感受，达到一种心灵美。而创造美的设计要有一种顿悟和灵感，有的美是人的天性，有的则是后天的培养。而美又与爱紧密相连，与人的素质修养有关，人说"儿不嫌母丑"，"情人眼中出西施"，不正说明这种状况吗？美有共性，也有个性。美的不一定会爱，喜爱的也并不一定是美，一切处于辩证之中。

历史上经过各个时代、朝代，各时期有自己的时尚，所以美不可同日而语，清末的"小脚"女人，那是对妇女的残害，能说是美吗？

一切要客观、公正、公平地去审视。

4.13 哲理与思辨
Philosophical Theory and Intellectual Enquiries

在探讨哲理与思辨时，我们要有历史的观点，辨析唯物的观点，并关注几个学科的融合。

形态学，是一门专门研究生物形式本质的学科，我们把它放在首位。

形态与城市形态、建筑形态相近。形态是动态的，形态是 Form，不是 Pattern， Pattern 是不变的，而 Form 是动态的、可变的。在生物学中称 Morphology 是"一种整体构成的变形"，城市形态 Urban Morphology 是借用词，是一种内外矛盾的结果，例如城市由内向外，沿着基础设施由线形向方形发展，生长点相互吸引。城市是新城代谢的，否则犹如外壳完好而内部萎缩的核桃（不是好核桃），必须同步发展和增长。对于建筑形态我一直强调要留出空间、组织空间、创造空间。在形态的研究中要发挥主观能动性和参与性、把握性、可持续性，结合功能和形式进行分析研究。

其次是要研究意义学。事物不论是显形抑或隐形都是有意义的，意义反映一种情感和智慧，且有伦理作用。有意义的建筑，当然也是有伦理的作用。古代传统的四合院，住的人有长有幼，有主有仆，有等级有秩序。但过多的人住在四合院中就会损害已有的秩序。在建筑空间中有公共的，有私密的，有喧闹的，也有安静的。它的表现和再现，有繁华有朴素，是一种可以解释的也可以转化的图形。人活动的地方就有场，是人的场，活动的场，构型是动态的，是场的构型。

意义的语言要用图来表示。语言是没有阶级性的，它可以为上等人服务，也可以为下等人服务。我国的一些建筑解放前为国民党管治着，而现今也可以为我们社会主义国家所使用、所服务。我认为同一种内容可以有多种形式或符号表示，一杯水，可以用不同形式的茶杯、茶具来盛。水是同样容量，而形式可以变化成各种容器。符号是人们在一定时间对一个物件拟定的一种形、一种约定，供人们识别。例如中国的古建筑在檐下用斗栱来作为一种结构构件，它可作为一种符号，做成纪念章或信签上的标志。形式在某种条件下可以脱离内容，成为风格中的一种代表。东方有形象的象征思维，如在淮安周恩来纪念馆中，群众说，4 根柱是四个现代化、四个基本原则，向上登台阶 28 步象征总理 28 岁参加革命，走到顶层 58 步象征周恩来 58 岁当总理，这是一种象数思维。所以人的思维一般是从已有的相关形象想象成符号，从寓言故事中去想象，从某一历史事实中去想象，例如三面红旗的形象，反映到南京长江大桥的桥头上去。

哲理与思辨论述到构型上去，其关键是整合。我们把构型要素与自然结合，符合天人合一的自然观，把人们审美中灵感和感悟及对型的感受整合进去，把历史上发生的事件、人与事及对建筑的影响整合进去，再把绿色环境、节能减排整合进去，把绿色植物的空间配置也整合到空间组合中去，以建筑造型为主，将相关的反映和影响结合进去，形成一体化。

4.14 灵感与感悟
Inspiration and Realization

灵感是一种顿悟，又是一种偶发现象，而感悟则是对我们研究和关注的对象有所关注，有直觉和感受。

因为思维有直接的感觉，也有对各种事物在他感觉器官中的感觉，人们对某种事物有思考，或若有所思，一种偶然现象或因此有了顿悟。牛顿躺在苹果树下，看到自由落体，于是获得启发，经过研究，完成了万有引力定律的阐述和公式推导。一是有先前的思考，然后看到一些现象，于是顿悟。

建筑是一门实践性的学科。人们在实践中传承、转化、创新，积累一定的经验，受到一定的教育，才能在实践中顿悟。它不是天上掉下来的，也不是凭空长出来的，其关键是不断去实践。中国古代众多杰出而知名的建筑和建筑群都是匠师们实践建造出来的，实践出真知。

我认为建筑师在创作时，最重要的是要有建筑空间的想象力，感悟建筑物在实施过程中的状况。"悟"是悟出建筑之道，即适用、经济和美观。悟出功能是基本的，表现是首要的。悟即是一种想象力，想出建筑物体的未来的存在，存在就有意义，满足环境、施工及甲方的要求更有意义。在城市和乡村中，我们可以获得一个有意义的世界。

我个人认为建筑是一个活的建筑，一旦建筑建成，它会和你对话，它会告诉你我的面积怎样，怎样供你使用，使你增加美感，即是一种智慧的、情感的建筑世界。为什么我们校庆要找老朋友呢？因为同过学，同在课堂接受知识，是同窗，同学之间、师生之间会有感情，感情的世界里我们共同获取知识。如果我们把城市、建筑群、建筑设计得非常有序，有着宜居的环境，而且是整体的，有便捷的交通，有新鲜的空气、洁净的水源，邻居和睦相处，我想我们就对自己的家、自己的房屋富有情感，说明环境对我们的影响。我们说教师是灵魂的工程师，那么创造一个宜人的环境的建筑师，要有这样的想法：建筑和城市不但是我们的家，也是我们生长生活的地方。

人们说"仁者乐山，智者乐水"，又说"人杰地灵"，都说明自然环境和人造环境影响人们的智慧和情感。我们在规划设计中要感应更多的地方特色，如地方的自然及人文文化和历史的遗迹。一方面我们学习世界的建筑文化知识，另一方面更多地深入地区建筑文化的创新，使城市与城市有差异，地区与地区有变化，使之有各自的特色，使我国各地区的城市有各地区的文化特色，而不是千篇一律。我们的感情，感悟着大地的自然，感悟着大地的文化。我们的灵感不只来自自己的实践、自己学习的专业知识和世界优秀建筑文化，也来自历史文化的传授，更多的是来自地方历史文化。我们需要有非常敏感的感知、感觉和直觉，了解地方文化的各种特点，同时又要把握自己设计的特性。我们需要学习、交流、探索，学无止境。

我们在设计淮安周恩来纪念馆时，深知这位伟人在此处得到他的母亲和亲人的照料，他们培育他的胸怀，这就是地灵。人际中产生的大爱，抚育了这位伟大中国人民的儿子，大地之子。

我想我们的建筑构型不只是客观的描述，而且要带有主观的心灵感受，要有感悟，使之主客观达到一致，使整体宜居的建筑与人们的感悟和心灵结合起来。

（1）整体宜居是要在实用的基础上达到美的感应，这种感应是心灵的感应，是一种在宜居中美的要求。

（2）要善于观察和分析拟建建筑群、改建和拟建建筑的地段特点，从中获取总体构思以及和周围环境的和谐。

（3）扩大构型的范围，要把绿色景观与植物配置的绿色空间融合到现代的构型中去。为此我们要学习中外古今的构型原则，结合自己的实际创造性地做出设计。

（4）对现代建筑科技的发展，及其对建筑形体的影响，包括风格、氛围及时尚等都加以考虑，满足现代社会工作、生活、休息等的需要。

（5）节能减排是我国排除污染、节约能源的一件大事，要强调绿色，强调使用可再生能源、坚持可持续发展的原则。在转型期间，我们的设计要能适应这个时代和社会的需求。

建筑设计的创作来自社会的功能需要，包括政治、经济、生产、生活、休息的需要，要满足它们的需求。

建筑设计的创作来自人们精神文化生活的需要，要满足它们日益增长的需求。

建筑设计的创作来自人们意识形态中意识的需要，如宗教的需求。

灵感来自自我意识和社会意识以及风俗、习俗的需求，因为人和信仰是不可分的。

功能的类型要求表达它的符号符合人们的认知，从图到物，再从物到图，使人们深化技术发展，它使知识向上升华。

在宜居环境整体建筑学中，我们更要存整体的思想，发展、保护、控制、整合再发展，发展中控制保护，在保护控制中整合，穿越式、能动地、有机地、滚动地发展。

5 哲理的求索

The Pursuit of Philosophy

在我们实际的生存和生活环境中，不论是城市形态、建筑形态，抑或是景园形态，都有许许多多的矛盾。如城市的规模的"大"和"小"、"开放"和"封闭"、"北方"和"南方"、"潮湿"和"干旱"等，建筑中的"朝南"和"朝北"、"开放空间"和"封闭空间"、"高层"与"低层"、"污染"与"保洁"，景园形态中的"乔木"与"灌木"、"传统"与"创新"等等。一对对矛盾摆在我们面前，要我们去思考，去研究和解决。记得做学生时，老师要我们"用辩证法看建筑的历史"，我和郭湖生同学都得了高分。而后的日子又有相当时期做党的工作，无论是参加"四清"和"工地劳动"，还是各次"政治运动"中都要思索"人"的工作。革命导师的许多名言都是辩证的，如列宁说"要学习一切世界的优秀文化"，又说过"会工作也要会休息"等。毛泽东同志的"实践论"和"矛盾论"更充满着辩证法，要抓住矛盾，又要分出主和次，更要抓住矛盾的主要方面。改革开放后以经济建设为中心，"走出去"和"引进来"就是一对矛盾，经济的发展是重要的，但要与控制相结合，发展中控制，控制中发展，快速发展和平稳过渡。我们宜居环境整体建筑学中也有许许多多的矛盾，要整合单学科和复杂学科、交叉学科的关系，研究建筑的狭义和广义，规划中的一城一市和城乡融合，"城"和"乡"不再是一个个城市，而是城市群、城市带。研究发展速度的快和慢，就要研究形态的特点，及其发展的过程，研究事物的进程，研究进程又要和过程的变化结合，

追求规律性。研究地区要分析沿海和内地、发达地区和次发达地区等等，在决策上又有领导和群众的关系。事物的发展充满着矛盾。社会的组织是物质和精神相互制约、相互促进，一切充满了统一和辨证。事物都是相联系的，存在既有意义，而关系更有矛盾。我们处在各种活动中，社会、政治等的一切都有层次，一切都有秩序。我们要因时因地制宜，使之相匹配，有时在特定条件下要模糊，又要温纯。我们有时会碰到偶发和必然现象，碰上许许多多的机遇，好比下棋要看三步，要有预测和科学的策划。

为什么指导思想上要整体呢？整体是整合，是与之相关的多学科经过整理而加以整合。整合是适时性的整合，即当今从市场经济这一特色出发而加以整合。整合是当今人们生产生活水平的一种匹配性，即因时因地因人的，此时此地此情的，一种有情感、有智慧的选择，是有相对性的。我们不能以发达国家那种消费的方式来作为评价体系，作为我们的目标和要求，而是从地区的实情出发来衡量，一切从国情出发，从人民生活水平基础上提高。所谓的幸福指数是要从我们国家的实情、奔小康的要求出发。整体是综合性，要综合相关的学科，从时间空间上分析，从历史学、规划学、技术学、美学、工程学、社会学、行为学、心理学上分析，是一种动态的有机的分析，且是滚动的。整体又具有修正性，不停地修正、改善、更新、再生、改造地向前进。

宜居是指生存生活的环境是宜人的、宜工作的、宜生

存的，是不同年龄段、不同场合的人造自然，宜居自然是为人们创造良好的环境。居住者要有其"屋"，即房子，居住者要有其地和相适应的基础设施，给排水、供电、暖气、防旱、防潮、防寒、防虫等都是相关的环境和条件。更要增加休息的空间、医疗和卫生条件等保障系统，从政治、经济、文化福利上做论证，使社会生态和谐共处，使上下有序、长幼有德、群众与领导没有隔，使老有所养、幼有所托，以及孤寡老人、残疾人得到关照等等。宜居是不同时间段、不同年龄段，不同健康、亚健康的共处的关系，总之是生态的。

人们生活、工作、休憩的实践是我们讨论宜居的最重要的标准。长期工作以来，我认识到物质的存在，特别是人们的存在具有物质性和精神性。物质是人类建造的，而精神反映其存在。人影响物质，有能动作用，可以发挥人们的聪明才智。物质指建筑、城市和风景园林，是一种形态（Form），是一种可发展的形态。与此同时人们的感受更是一种精神形态。我们研究物质形态的同时研究其精神形态（Spirit Form），我们的认识就提到一个更高的层次。如果说物质形态是动态的、可变的，沿着它自身的发展在前进，那么精神形态更为精彩。人们的物质反映意识——反映论，人们的感悟，人们的一切从低级活动到高级精神活动，无不充满着智慧和情感，它能动地促进人类的各种创造劳动，是一种有智慧的劳动，是巨大的生产力。精神层次与人的大脑及其产生

的行为——直觉、感悟、灵感、社会的科技、文化、道德、伦理有关，当然还包括宗教、信仰、哲学一切科学等，这样人类才能发展。精神层次的偶发性、知识的碰撞，在当今现代社会突显。现在已是知识热的时代，人类可以制造高速动车，可以建高楼大厦，可以登上宇宙太空。不再是原始的群居，而是一种整体的祈求安居乐业和愉快工作的场地。我们说在人们活动的地方，建造城市及农村，既有人居的场，且有精神的场。人与人的交往不只是知识文化的交流，且是精神情感的交流，所以场论具有精神性。

我们开始研究形态学，建筑形态、城市形态、风景园林形态，这是大建筑学，一种发展了的建筑学。我们在宜居环境整体建筑学中有表达，且带来我们实际的作品来说明问题，也用许多实例来说明问题。

长期进行理论与实践的结合，我们有众多的博士生硕士生从事这方面的研究，从大学校园到小城镇到大城市、特大城市，证明了形态学的生命力，我们的学习，归纳有下述几点：

进程（Process）。从这个时间段到另一个时间段发展。我们可以从中找出规律性的东西。过程是重要的，有人称"过程建筑"，我们的建筑可以适应不同时段使用者所用，含有一种时空观、历史观。

地区（Region）。城市和建筑，总生长生活在一定的地区、地段，有它的地形、地貌、地质，有它的基层。我们的建筑与城市被深深地刻上地区的烙印。地区的人文、地理、社会、

习俗、教育都对其人其事以及所居住的建筑有影响。我们的城市是地区的城市，我们的建筑及景园都是地区的。

层次（Level）。社会是有层次的，建设中有特大城市、大城市、小城市、城镇、居民点、自然村，视规模而定。就建设规模而言，园林风景最大为森林公园，然后有城市公园、小游园等等。层次也反映经济的总量、GDP 的多少、居民的收入、各种职务的经济收入等等。社会的构成是由各种职业及其层次来完成。所以层次是整体，也是秩序。

活动（Activity）。人们的活动是我们必须了解和研究的，我们的活动有政治活动、经济活动、文化活动、娱乐休憩活动、教育活动，还有体育活动。一种大同的理想境界。我研究各种活动的特点，使城市为人服务，是学习性的。

对位（Position）。对位好比排球，二传手把球传来，而主攻手及时打下去，使对方失球。机不可失，时不再来。对位有时间因素、有机遇、有爆发、有灵感、有忽然率，也有必然率，不论做什么事都有机遇，我们要抓住机遇。这要求我们有认识力，能主动地抓住时机。人说："人生能有几回搏"，能抓住者为上，忽视或失去是为下。我们的事业要有千千万万的有心人。人言"失败是成功之母"，我说"忍耐"也是成功之母。我们的事业有所成，必有对各种事业有所思，经过多少次失败，最终才获成功。许许多多的事物是不对位的，我们要有主观能动性，才有成功之望。每个人对所从事的事业都尽心就好了。

跨越（Leap）。我们做什么事都要有预测，预测不一定对，但有预测比没有的好。事物的发展是复杂的，有的是一步步地走，是有程序的，但有的可以跨越式前进。跨越某种意义上带有谋略。我们的工作一定会有程序和章法，社会也要有法律规则，不然会乱而不稳定。不过什么事都讲程序，有时也会误事，我总结为有些章法违背了事物的发展，甚至阻碍了事物的发展。既要有程序，又要对不科学不合理的程序加以修正，那就好了，所以鼓励那些敢于直言的人。今天我们讲可持续发展，就是要将社会主义的发展可持续下去。节能减排，即为全球气候的变化带来一个大的转变，这就是识时务，古语云："识时务者为俊杰"，也不无道理。可持续发展与超越不是同一回事，但有内在的联系，这就要求我们把握规律，在特定条件下也可以突破。

研究宜居环境要研究它的过程，研究它的地区，研究它的层次，研究它的活动，研究它的对位，更要超越。我想我们的学习方法应该是：

做学始终——做什么学什么，自始至终；

能者为师——对我有用的，我们就要学习；

善于结合——即做一件事能带动另一件事；

刻苦学习——刻苦地学习，学一些经典的事；

自我启迪——抓住自己的感悟、灵感、一瞬间的启发。

哲学是发展的科学，马克思主义后毛泽东思想又在中国土地上产生，科学发展观、以人为本、可持续发展，都发展了马克思主义。西方的哲学、哲理也有多种形态和说法，这对研究的课题不无启迪，我们当有具体的剖析和学习。

先来讲"意义"（Meaning），即存在的物质和相关的精神都是有意义的，但意义与"关系"（Relationship）相联系。事物都是互相联系的，或直接或间接，要有主客观的判断。它是人们对自然或社会事物的认识，是人给对象事物赋予的含义，是人类以符号形式来传递和交流的精神内容，人类在传播活动中交流的一切精神内容，包括意向、意思、意图、认识、观念等，都包括在意义的范围之内。

那么"符号学"（Semiotics 或 Semiology）广义上是研究符号、传意的人文科学，涵盖所有文字符、讯号符、密码、手语，结构主义在 20 世纪下半期兴起。它主要始于瑞士语言泰斗索绪尔，当然有诸多论述和流派及其争论。各国如瑞士、俄罗斯、法国、美国均有符号学及结构主义符号学等。它本身没有自己的绝对意义，是指存在联系某种关系的形式，成为视觉的表情、手势、文字、交通信号，被人们感知成共识。其中有相似符号，传递的信息一看便知，且确切；相关符号，如旗、车转弯标识，是约定俗成的；规则符号，如交通运输中的红色、黄色和绿色，教学中的"十"和"一"的象征性，总之要易于识别。符号与形式在实践中统统创造灵感。符号可被借助于意义，又有语言的作用，如手势，人用手势来表示。它是意义的显示，一种感觉的现象。它要与图像发生某种联系，特别在平面设计上有关联，某种意义上，平面设计可以

说是一种符号，并得到运用。我们通俗地说：从图到物，又从物到图，往返而深化。

现象学（Phenomenology）是 20 世纪西方流行的一种哲学思想，由犹太人哲学家胡塞尔（E.Edmund Husserl）创立。它不是一套内容固定的学说，诸多争论与神学发生了联系。把现象学与现象一起研究，胡塞尔关心的是精神（Geist）和意识（Bewusstsein），诸多争论及其发展，有光影的唯心和实践的唯物，总之探求其本质，在本体论、美学、法学、心理学、自然哲学、文学理论中运用它来探求本质。总之是意识及其意向性的活动与关系。真实地说人的意识的存在是人通过实践而存在，而发生作用，其他只是一种表征。一切由客观的事物发展而定。存在决定意识，意思可以有先验，客观实际才是检验的标准。我们讲宜居，整体都是要有实践的。

类型学是一种分组分类的方法体系，事物可以用于变化和转变的各种态势的研究。它所研究的现象，可以引出一些特殊的次序，并可以解释各种数据。它在当代西方思想中占有相当重要的地位。建筑类型学，采用结构造型的方法，城市的综合性及城市形态和建筑形态，又在风格构成上起作用。抽象与实体存在且发展，是可变的、动态的。建筑的发展与延续都属于人的社会结构，两者互动，息息相关，各种建筑形态都服务于人民大众。建筑的创造是从过去的需求或美学意识形态中发展出适应当今需要的形式的一个过程。创造要有非常丰富的想象力，其想象力又是灵活多变、充实联想的

基础。类型学提供联想的材料和工具，再可以归类和推演，在聚落社会学的研究中类型学可以成为建筑形式与意义的关系的秘籍，可以提供构架，发展其内涵，提供一些思考。

我们讲究唯物，并排斥一些先验的思维，我们遵循以下原则：

（1）实践是检验一切真理的标准。没有实践不能创造新的世界，一切发明、科学研究都要以实践为基本出发点，并以它为标准。

（2）发展的马克思主义永远是我们的指导，是源泉，是辩证，指导我们的一切实践活动。

（3）讲究科学的方法，没有方法也无法实践，无法前进，一定要把握和掌握它的技能、技法、细节。

（4）先进的科技文化是我们创造、培育宜居环境的重要组成部分，我们的发展要因时因地，智慧加情感，一切从内外环境中去思考，从构成的城市形态、建筑形态、景园形态做出切入点。

（5）关注地区的同时，关注全球，节能减排、节水、节约资源。文化上十分注重传承、转化和创新，创新是目的，达到可持续发展。

（6）以人为本，以为人民服务为宗旨，并研究行为心理。

宜居环境整体建筑学的研究是个探索，路漫漫其修远兮，吾将上下求索。

后记

　　本书是国家新闻出版总署的出版基金资助项目。《宜居环境整体建筑学》是个探索，是个尝试，也是一种研究，更是我多年来研究的总结。开始只是一个设想，并没有完整的系统，幸而多年的实践及学习，加以融入、剖析、归纳得出我的主见。

　　此书得到编写小组何柯、黄梅、孙晶晶、胡长娟的支持，并运用我指导的博士生、硕士生的论文，作了概括分析、提炼。其中有张青萍、谭颖、王建国、段进、陈泳、李立、杜春兰、应文、霍丹、张彤、代小利、张弦、高晓明等，还有哈尔滨工业大学建筑学院梅洪元，沈阳建筑大学朱玲，西安建筑科技大学刘克成，重庆大学杜春兰等人提供的宝贵资料。

　　同时感谢东南大学出版社及戴丽同志的帮助，我校艺术学院皮志伟同志的封面设计，还有建筑学院杨维菊老师，本所林挺同志、卜纪青同志的帮助。

　　更要感谢家人及亲朋好友的全力支持。

　　本书是《宜居环境整体建筑学》丛书之一，不足之处将在之二中补充。

　　上天保佑我已进入老年，这叫"老骥伏枥，志在千里"。不当之处，请评点。

　　党的十八大报告中的第八条"大力推进生态文明建设"中有一段：优化国土空间开发格局。国土是生态文明建设的空间载体，必须珍惜每一寸国土。要按照人口资源环境相均衡、经济社会生态效益相统一的原则，控制开发强度，调整空间结构，促进生产空间集约高效、生活空间宜居适度，生态空间山清水秀，给自然留下更多修复空间，给农业留下更多良田，给子孙后代留下天蓝、地绿、水净的美好家园。加快实施主体功能区战略，推动各地区严格按照主体功能定位发展，构建科学合理的城市化格局、农业发展格局、生态安全格局。提高海洋资源开发能力，发展海洋经济，保护海洋生态环境，坚决维护国家海洋权益，建设海洋强国。

　　这些都激励我刻苦奋进，团结同志，做好本职工作。

2013 年 3 月 20 日　晚

Postscript

This book is supported by the National Publication Foundation，It is an exploration, an attempt, a study, and a summary based on my long term research. At the beginning, this was just a concept, but with my years of experience and study, I integrated, analyzed, and concluded my views in this book.

This book received the support from the assistant group: Ke He, Mei Huang, Jingjing Sun, and Changjuan Hu.This book also incorporated, analyzed, and refined several master and doctor dissertations conducted by my students. They are Qingping Zhang, Ying Tan, Jianguo Wang, Jin Duan, Yong Chen, Li Li, Chunlan Du, Wen Ying, Dan Huo, Tong Zhang, Xiaoli Dai, Xian Zhang, Xiaoming Gao, and Hongyuan Mei from School of Architecture, Harbin Institute of Technology, Ling Zhu from Shenyang Architecture University, Kecheng Liu from Xi'an University of Architecture and Technology, Chunlan Du from Chongqing University.

Also, thanks to Li Dai from Southeast University Press, Zhiwei Pi from the School of Art at Southeast University for his format design, and Professor Weiju Yang, Ting Lin and Jiqing Bu from our design institute.

Thanks to my family and friends for their support.

This book is one of the Series of *Livable Environment and Holistic Architecture*, which will be further supported and supplemented by the subsequent books.

It is a bless to live to an old age. The aged people have their own strong energy and revere them for the great goal in the future. Correct me if there is any unintended mistake.

The eighth article of the 18th CPC National Congress states as follows:

Improve development of China's geographical space.It is in geographical space that ecological progress can be advanced, and we must cherish every bit of it. Guided by the principle of maintaining balance between population, resources and the environment and promoting economic, social and ecological benefits, we should keep the pace of development under control and regulate its space composition. We should ensure that the space for production is used intensively and efficiently, that the living space is livable and proper in size, and that the ecological space is unspoiled and beautiful; and we should leave more space for nature to achieve self—renewal. We should keep more farmland for farmers, and leave to our future generations a beautiful homeland with green fields, clean water and a blue sky. We should ensure the speedy implementation of the functional zoning strategy and require all regions to pursue development in strict accordance with this strategy, and advance urbanization, agricultural development and ecological security in a scientific and balanced way. We should enhance our capacity for exploiting marine resources, develop the marine economy, protect the marine ecological environment, resolutely safeguard China's maritime rights and interests, and build China into a maritime power.

All of these encourage me to make progress continuously.

Kang Qi
20th March,2013 Night

图书在版编目（CIP）数据

宜居环境整体建筑学构架研究／齐康主编 . —南京：
东南大学出版社，2013.9
（宜居环境整体建筑学）
ISBN 978-7-5641-4507-1

Ⅰ . ①宜… Ⅱ . ①齐… Ⅲ . ①城市环境－居住环境－
城市规划－研究－中国②城市环境－居住环境－城市建设
－研究－中国 Ⅳ . ① TU984.2

中国版本图书馆 CIP 数据核字（2013）第 213256 号

宜居环境整体建筑学构架研究
Study on Livable Environment and Holistic Architecture

主　　编　齐　康
出版发行　东南大学出版社
社　　址　南京市四牌楼2号　邮编210096
出 版 人　江建中
网　　址　http://www.seupress.com
责任编辑　戴　丽　魏晓平
装帧设计　皮志伟　刘　立
责任印制　张文礼
经　　销　全国各地新华书店
印　　刷　上海雅昌彩色印刷有限公司

开　　本　787 mm×1092 mm　1/12
印　　张　18
字　　数　318千字
版　　次　2013年9月第1版
印　　次　2013年9月第1次印刷
书　　号　ISBN 978-7-5641-4507-1
定　　价　120.00元

本社图书若有印装质量问题，请直接与营销部联系。电话：025-83791830。